普通高校摄影专业系列教材

影像后期编辑概述

影像的后期数字基础

影像的后期编辑

影像的后期编辑范例

数码影像后期编辑

曾立新 张昕 张蓓蕾 著

浙江摄影出版社

编者的话

21 世纪是读图时代，图像从来没有像当今社会这样重要，诚如摄影家莫霍利 - 纳吉所言，“不懂摄影的人，犹如文盲一样”。目前，国内高校普遍开设了摄影课程，既有专业课，也有选修课，而且受到大学生的普遍欢迎。这说明，摄影已成为当代大学生必须掌握的基本技能之一，影像制作、影像传播和影像交流已成为当代大学生走上社会，融入社会，创业、立业必须具备的基本素质之一。

《普通高校摄影专业系列教材》是为满足高校素质教育要求，精心打造的一套高校摄影精品教材。我们通过整合高校摄影资源，有针对性地规划一批适合高校摄影教学要求的精选课程，形成一个科学、规范、有序的教学体系。

在教材编写中，我们力求走在时代前沿，注重科学性、系统性和前瞻性，内容涉及摄影史论、摄影基础理论、摄影基本技术技巧、摄影实验教学、数字图像处理、摄影技术应用等多层面、多领域，既适合普通高校摄影专业教学，也可作为大学摄影选修课教材使用，各取所需。教材的出版，可以有效促进普通高校基本素质教育的发展，有利于高校摄影资源的优化整合，也有利于高校摄影理论和学术水平的进一步提高。

本系列教材的编辑、出版，得到浙江省摄影家协会摄影教育专业委员会的关心和指导，也得到国内多所高校的积极支持和响应，在选题规划、论证、编写、出版等方面进展顺利。在此，向一直关心和支持本系列教材的各位领导和老师表示衷心感谢。浙江省摄影家协会摄影教育专业委员会主任胡晓阳教授对教材的选题规划做了许多工作，在此表示诚挚的感谢。

因时间仓促，本系列教材在编写过程中难免会留有缺憾，敬请各位老师、同学不吝指正。欢迎国内高校摄影教师积极参与本教材的编写和推广工作，以促进高校摄影教育事业的进一步发展和繁荣。

编　者

2017 年 1 月

目　录

第一章 影像后期编辑概述

第一节 什么是影像后期编辑

在信息传播快速发展的今天，我们的视觉领域也发生了重大的变革，“快速消费”现象成为我们对信息需求的一个常态。文字不再是唯一有效的信息传达形式，“影像”一跃成为大众容易接受并喜爱的视觉语言。“影像”也不再是信息传播的旁证和配角。和过去相反，当下视觉传达成为信息传播的主要任务，而文字成了“影像”的补充和注解。在快节奏的社会背景下，人们已经没有耐心再花大量的时间去阅读文字，取而代之的是充斥大量影像的视觉传媒。“影像”成为人们阅读信息过程中一种更轻松、快速、有效的信息载体。我们已经进入了“读图时代”，大量的影像不断产生，也催生出一种至关重要的职业：影像的后期编辑。

1996 年 10 月，世界新闻基金会（WPPH）专家科林・雅各布森造访中国时指出：“你们很多作品拍得很好，却没有得到很好的编辑。”这句话指出了中国新闻摄影领域影像后期编辑的状况不容乐观。留学美国并在美国接受过系统的新闻摄影教育的知名新闻摄影记者刘昕也感慨：“中国摄影师应该感谢读者的宽容，让他们可以将那么多达不到职业要求的照片发表到版面上”。由此可见，影像的后期编辑在报道、杂志出版前的地位是多么重要。

在文字叙述中，我们要避免出现错别字、语法错误、语言啰唆等问题。同样，在影像创作中，我们也要避免常见的曝光失误、构图欠妥、视觉语言混乱、版式处理失当等问题。因此，在后期编辑与处理中，我们要淘汰画面模糊等对焦失误的照片，弃用未经严格裁剪编辑的照片，理顺视觉语言杂乱无章的照片，编排画幅横竖不同的照片等。在传统媒体中，从校对员到总编已经有一套规范的程序处理错别字、语法错误、语言啰唆等问题。但对于影像这一新媒介，在后期编辑上往往缺乏成熟有效的经验和措施，有的媒体缺乏专业人才，甚至只能“睁一只眼，闭一只眼”。我国诸多媒体的影像编辑水平还有待提高。

从传播学的立场来看，后期编辑就是要做好“把关人”（Gate Keeper）。所谓把关人就是“对信息进行选择，决定取舍，决定突出处理或者删节哪些信息或其中某个方面，决定向传播对象提供哪些信息，并通过这些信息造成某种印象”。简而言之，作为媒体的把关人，后期编辑首先要挑选照片，再对影像进行加工，最后决定影像要以何种形式展现在公众面前。

后期编辑有时会和摄影师处于两个不同的团队，后期编辑需要和摄影师时刻保持良好的沟通。作为后期编辑，必须明白自己需要什么，然后将自己的想法传达给摄影师，并指导摄影师拍下后期编辑所需的照片，同时对摄影师拍摄的作品要保持客观态度。不能像摄影师那样对照片掺杂太多的主观情绪，因为过多的主观情绪会影响作品的最后展示。这种模式在美国的《生活》（*Life*）杂志备受推崇。当然，也有人质疑这种模式，认为后期编辑与摄影师必须是同一个团队，只有摄影师本人才知道自己拍的是什么，需要怎么裁剪。这种模式在《国家地理》（*National Geographic*）杂志很常见，摄影师和后期编辑往往是一个团队，在从选题的确定到拍摄内容的选取上就不断有摄影师参与。这种模式能极大地调动摄影师的积极性，使他们在后期编辑中都能发表自己的意见。

FROM THE EDITOR
Images and Ethics

Digital technology has simplified the alteration of images, such as moving a pyramid to make a horizontal image (left) fit on a vertical cover (above).

How We Check What You See

In the digital age, when it's easy to manipulate a photo, it's harder than ever to ensure that the images we publish, whether on paper or on a screen, reflect the reality of what a photographer saw through his or her viewfinder. At *National Geographic*, where visual storytelling is part of our DNA, making sure you see real images is just as important as making sure you read true words.

I'll explain how we strive to keep covertly manipulated images out of our publications—but first an admission about a time when we didn't. Longtime readers may remember.

In February 1982 the magazine's cover showed a camel train in front of the Pyramids at Giza. The image produced by the photographer was horizontal; here at headquarters we altered the photo to fit our vertical cover. That change visually moved the pyramids closer together than they really are.

A deserved firestorm ensued—"*National Geographic* moves the pyramids!" came the outcry. We learned our lesson. At *National Geographic* it's never OK to alter a photo. We've made it part of our mission to ensure our photos are real.

I went to our expert to explain how we do this. Sarah Leen is director of photography at *National Geographic* and has been here for 30 years. A few decades ago it was easier to spot photo manipulation because the results were a lot cruder. Now, she says, "you can't always tell if a photo is fake, at least not without a lot of forensic digging." Even our experts can be fooled, as in 2010 when we published what we later learned was a doctored photo from a contributor to Your Shot (*yourshot.ngm.com*).

We work with the most admired photographers in the world, but just like we require our writers to provide their notes, we require photographers on assignment to submit "raw" files of their images, which contain pixel information straight from the digital camera's sensor. We request the same for Your Shot photos sent in by members of the public or stock images we buy. If a raw file isn't available, we ask detailed questions about the photo. And, yes, sometimes what we learn leads us to reject it.

Still, reasonable people can disagree: One of our photographers recently entered a photo in a contest. It was rejected as being overprocessed; our editors, on the other hand, saw the same photo and thought it was OK. We published it. Were we right, or were the contest judges right? That's a subject we can continue to discuss.

"We ask ourselves, 'Is this photo a good representation of what the photographer saw?'" Leen says. For us as journalists, that answer always must be yes.

Thank you for reading *National Geographic*.

Susan Goldberg, *Editor in Chief*

Forensic Science, Now With More Science

Since a 2009 report by the National Academy of Sciences criticized arson investigation and fingerprint analysis as more craft than science, both fields have upped their game. Left, an arson lab burns a bedroom to collect data on heat, smoke, and gases released by the fire. And new protocols for fingerprint identification are in place. Above, Sylvia Buffington-Lester, a fingerprint expert for 45 years, says analysts must study prints from a crime before viewing a suspect's print: "If you start with the perfect print, you're biased."

49

图 1-1　后期编辑的工作直接关系到出版物的版面设计效果

作为优秀的后期编辑，必须处理好和摄影师之间的关系，不仅要与摄影师时刻保持联系，还要极大地调动摄影师的积极性，在选题和技术上还能指导摄影师，并能够提前预测拍摄效果，避免摄影师在创作中遭受不必要的损失。即使在摄影师无法完美达到要求的情况下，也能力挽狂澜，剔除糟粕，取其精华，使照片的表达形式尽可能完美。

第二节　影像后期编辑应具备的素质

影像后期编辑应具备基本的职业素质。如果你是一名新闻媒体的后期编辑，那么你的职业素质将关系到你所在媒体单位在社会上的公信力；如果你是一名时尚杂志的后期编辑，那么你的职业素质将关系到你所在杂志社在时尚领域的影响力；如果你是一名教科书的后期编辑，那么你的职业素质将关系到你所编辑的书籍在科教领域的引导力。中国一知名报社对影像后期编辑的素质要求有如下几点：

1. 要有报刊从业或影像编辑的经历。

2. 要有信息采集分析的能力。

3. 要有基本的中英文书写能力。

4. 要熟悉计算机后期软件操作。

5. 能深度了解影像市场。

这几个方面是每一位后期编辑所必须具备的基本能力。

从后期编辑的能力构成上分析，还必须具备如下几个方面：

1. 具有良好的信息敏感度。影像是信息的载体，一幅优秀的影像则是一个时代的缩影。因此，作为后期编辑，必须具有预测与前瞻能力，能够在某一个时代潮流到来之前做好策划准备工作。现在是一个信息多元化的社会，能否抢到具有前沿性、时代性的影像信息，是对后期编辑的一大考验。

2. 具有扎实的美学基础。一张构图严谨的照片一定会胜过画面杂乱无章的照片，画面美观往往能吸引观众注意并留下深刻印象。人们通常喜欢美的东西，所以一幅画面在后期编辑中能否得到美化也是对后期编辑能力考验的重要因素之一。

3. 掌握熟练的数码知识和技术。一张张照片都是由摄影师拍出来的，所谓最好的工作态度就是知己知彼。因此，后期编辑首先要了解照片的一些基本信息，比如像素大小、景深大小、曝光数值等，从而从技术上对照片进行判断和取舍。掌握数码知识和技术也有助于后期编辑迅速了解摄影师的摄影语言，从而提高后期编辑效率。

4. 具备良好的沟通能力。后期编辑不仅要与摄影师交流，还要和杂志设计师、版面设计师、客户群体等一系列人员交流。这使后期编辑须具备良好的沟通能力，能将自己的诉求进行合理的表达，同时能化解各方产生的矛盾和意见冲突。

5. 对工作充满热情。凡事要做好的前提是要有积极的态度。一名合格的后期编辑只有对工作充满热情，才能专注自己的工作，并将它做好。

有人好奇，后期编辑是否本身就是一名摄影师？这个问题在编辑圈和摄影圈里是有争论的。笔者认为后期编辑可以是，也可以不是，会摄影当然好，不会摄影也没关系。所谓后期编辑，主要负责的还是影像输出部分，是否会拍照，对后期输出并没有直接关系。美国《财富》杂志影像总监米希尔·马克娜丽曾表示：“我没有做过摄影师，但我接触过曾做过摄影师后来又做了影像编辑的人，他们中的大多数人可能会用自己拍照片时的经验和想法来看别的摄影师的照片，这样就有了局限性，一些摄影师改任影像编辑后做得很失败。当然，也有做过摄影师后来成功转行成为影像编辑的人，但很少，而且影像编辑与摄影师在知识结构的要求上并不一样，影像编辑需要知道摄影以外的知识。”由此看来，并不是每一位后期编辑都需要掌握丰富的摄影技术、技巧。当然，如果你知道一些摄影技术、技巧，这也许会对影像后期编辑工作有所帮助。

第三节　　后期编辑的工作

挑选照片

挑选照片是后期编辑所做的第一道工序。在挑选照片时，后期编辑要明白挑选照片并不是挑选视觉效果最强的那张，而是寻找最能反映媒体所要表现事件主题的照片，同时，它在视觉上具有抢眼的特点，并在技术上符合印刷要求。

都说找照片是每一位后期编辑应具备的基本功。既然要编辑照片，那么能够多方面、多渠道收集照片也是后期编辑的能力体现。以下是几种收集照片的常见方法。

1. 求助于本单位媒体的摄影师。俗话说，“远亲不如近邻”，求助于本单位的摄影师，往往是一个最佳方式。

2. 求助于其他媒体的摄影师。现在许多媒体都是相通的，有些甚至是兄弟单位，因此这也是一个不错的选择。但倘若是竞争关系，就要注意是否有利于自身媒体。

3. 从第三方购买。所谓的第三方，是指网络影像库，或花钱请自由摄影师拍摄。

4. 请委托单位提供照片。后期编辑的照片基本都是有关单位委托编辑的，所以有理由请委托单位自主提供。

5. 来自本单位的影像库。许多媒体都建有自己的影像库，以备图片编辑不时之需。

在介绍收集照片的方法之后，接下来介绍如何挑选照片。挑选合适的照片关系到媒体讯息的发布质量。因此，在挑选照片时，后期编辑要思考以下问题：

1. 这张照片是否完整表达了媒体所要发布的信息？

2. 在内容达到标准的同时是否具备印刷标准？

3. 一张照片足够传递信息吗？不够的话，需要几张照片来表达？

4. 照片在拍摄手法上是属于摆拍还是抓拍？它能否真实反映媒体所要表达的信息？

5. 照片需要后期加工吗？后期加工是否会影响照片的信息质量？

6. 这张照片一旦发布，是否会给自己或本单位带来不利影响？

裁剪照片

摄影师拍的照片并非张张都完美，有时图片虽无毛病，但画面构图并不适合版面需要。因此，在照片选取或排版时裁剪画面是一个不可或缺的环节，而且在不同的裁剪方法下会产生不同的视觉效果。

裁剪的作用是将照片无关紧要的元素去掉，使画面主题更加突出，视觉效果更加完美，读者也能更快、更直接地找到照片的视觉中心。作为后期编辑，要明确裁剪照片的几项准则：

1. 剪裁照片是为了传递画面信息。

2. 剪裁照片是为了减少画面的视觉干扰。

3. 剪裁照片是为了增加画面的趣味性。

4. 剪裁照片是为了突出版面的设计效果。

5. 剪裁照片是为了完善版面的输出效果。

影像大小和位置确定

在后期编辑中，编辑考虑最多的，除了挑选照片，就是影像大小和位置的确定。例如，某张照片是应该放大还是缩小？照片应放大或缩小多少？照片应该放在版面的哪个位置？照片位置是放在版面开头、居中抑或结尾？若是置于文本之下，又会产生怎样的观看效果？能否合理解决以上种种问题，是后期编辑在图文编辑上的实力体现。别小看影像大小和位置确定工作的重要性，其后果往往直接影响到图片信息的有效传播。

有人曾做了一个关于“读者对报纸影像阅读兴趣”的问卷调查，结果表明：随着照片版面的增大，读者的兴趣也在增加。例如，当版面出现一栏照片，有 42% 的读者表示愿意阅读；当版面出现两栏照片，有 55% 的读者表示愿意阅读；当版面出现四栏照片，有 70% 的读者表示愿意阅读。

当然，并非影像越大越好，或者影像越多越好。有时，遇到像素不够高或技术不过关却又必须发布的照片，我们就不能将它放大展示，因为画面越大，瑕疵也会越明显，结果影响了读者的阅读体验。常见的解决方式是将影像置于标题和文字之下，这样读者在阅读完文字信息后又能直接观看影像信息，而且由于标题文字处在抢眼的位置上，会使读者忽视照片的技术问题。

另外，照片多了有时也会造成版面杂乱的局面。版面上的照片不宜排成画幅大小与形式都相同的样子，这会让读者阅读时觉得画面呆板无趣。因此，在后期编辑中，我们要在有限的版面中适当地控制照片数量，然后编排成各种横竖不同、大小不一的形式，形成有节奏、有规律的版面。只有形成多种对比，画面才会生动有趣，读者才会感兴趣。

后期编辑的不可为

后期编辑是一项严谨的工作，这也意味着它有许多人忌值得我们关注。数字时代的到来，使摄影照片可以在电脑上进行后期处理，这也大大降低了照片的真实可信度。

因此，在后期编辑中，首先，不可改变照片内容及其真实性。我们对照片的处理，目前只限定在对色彩、饱和度和对比度等一些基础色值上的修改，以及对画面比例大小的修改。这些修改，其立意都建立在不改变照片原信息的基础上。因此，我们在修改照片时绝不能改变照片内容及其真实性。

其次，是不可过度裁剪照片。就以一张著名的新闻照片《美国士兵给伊拉克战俘喂水》为例。

我们可以看出，不同的裁剪角度都可以改变这张照片的原意：当编辑裁掉画面左边三分之一时，读者看到的是一个善良的美国士兵在优待战俘；而当编辑裁掉画面右边二分之一时，读者看到的是美国士兵在虐待战俘；如果编辑不作画面裁剪，读者看到的则是美国士兵在演一场戏。这三种编辑方式产生了三种不同的意义。所以，后期编辑在考虑画面裁剪时要慎之又慎，千万不要随意改变照片原意。

图 1-2　裁剪前的《美国士兵给伊拉克战俘喂水》 ©全景网

第三，不可不与摄影师交流便擅自改变照片的表达形式。每张照片都凝结了摄影师的汗水，也是摄影师的拍摄成果，在严格讲究版权意识的社会中，每张照片都有摄影师的著作权。在后期编辑中，如果有修改需要，编辑应该事先和摄影师沟通，在征得摄影师同意之后方可修改，否则只能放弃这张照片。

第四，不可对照片信息妄自评论或指鹿为马。后期编辑在给照片编写图片说明时切忌带有个人主观色彩，而应该从客观角度传播信息。如果图片说明带有个人主观色彩，那便是编辑的个人专栏了，也就不属于后期编辑的工作了。另外，

图 1-3　裁取画面的左半边，表述的是“敌对”；裁取画面的右半边，表述的是“温情”。不同的裁剪画面表达意义完全不同

在给照片添加文字信息时，一定要确保信息准确无误，否则有损于媒体的公信力，造成负面影响。

专题图片的后期编辑

一个称职的后期编辑不仅能编辑单幅图片，而且对成组的专题图片进行编辑也能做到游刃有余。利用各图片之间的逻辑关系，使它们相互递进，编辑成一个完整的专题报道。拍摄影像专题，后期编辑事先应和摄影师沟通，提出编辑的个人角度或建议，然后和摄影师一起制订拍摄计划，拍摄完成后再根据照片数量、文字信息来设计版面。有时，也会根据版面要求来挑选照片，组织语言。除了准备文字和影像之外，还要适当收集故事的背景信息来深化主题。如果是一篇个人专栏，会用到第一人称；如果是一篇叙述栏目，会用到第三人称。这一切都要后期编辑来把控。

在影像选择和处理方面，西方媒体的有关理论比较完善，可资借鉴。西方媒体常见的影像编辑方法有如下几个步骤：

1. 选出所有形象生动的好照片。

2. 从每个故事中挑选出一张具有代表性的照片。

3. 选出的照片尽可能包含不同的镜头焦段（广角、中焦、长焦）。

4. 裁掉每张照片多余的部分。

_MG_0175.jpg
_MG_0227.jpg
_MG_0253.jpg
_MG_0323.jpg
_MG_0331.jpg
_MG_0332.jpg
_MG_0399 拷贝.jpg
_MG_0412.jpg
_MG_0416 .jpg
_MG_7167 拷贝.jpg
_MG_7286 拷贝.jpg
_MG_7297 拷贝.jpg
_MG_0276.jpg
_MG_0297.jpg
_MG_0311.jpg
_MG_0362.jpg
_MG_0375.jpg
_MG_0315.jpg
_MG_6930 拷贝.jpg
_MG_7045 拷贝.jpg
_MG_7092 拷贝.jpg
_MG_7506 拷贝.jpg
IMG_5139.jpg
IMG_5142.jpg

图 1-4 《消逝的曾经》金昊 摄
锅炉、电线、烟囱……是工业化的标志，曾经象征着繁荣。现今人们对这些物件的理解已经悄然变迁。影像留给我们的不仅是记忆，更多的是思考。后期编辑从作者提供的 24 幅图片中选出 6 幅，编成一个专题组照，用于表达人们对制造业转型升级的思考。

5. 选出主题照片并将它放大。

6. 在版面中为主题照片安排显眼位置，使之成为视觉中心。

7. 安排其他照片，使照片之间保持相同的间距。

8. 组织标题和文字说明，好的标题和文字说明能使照片锦上添花。

9. 最后为照片、标题和文字设计一个舒适、简洁的版面。

另外，西方媒体还对影像编辑制订了几种常见的视觉传播理论，如留白理论、视觉中心理论、视觉相框理论等。其内容概括如下：

1. 版面设计有且只有一个视觉中心，版面必须是由一个主视觉中心和多个次视觉中心组成。

2. 版面单调无层次将无法引导读者阅读，这会导致读者找不到阅读次序。

3. 会通过放大一张照片来营造视觉中心。

对于后期编辑来讲，单张照片的裁剪和编辑已不是大问题，但在编辑专题照片时，各媒体间的编辑水平却有差异显现。成功的媒体对营造画面乃至版面视觉中心都十分讲究。

后期编辑对影像说明的要求

一个完整的图文版面必须由两部分组成，一是影像部分，二是文字部分。影像部分是由后期编辑和摄影师合力完成，而文字部分则是由后期编辑独立完成的。文字部分主要是指标题和影像说明。它和影像的关系是相互依存、相互补充，这两者结合才能成为一个完整的信息链。

影像说明必须是以影像信息为基础，一个好的影像说明是把影像信息用最简洁的语言形式表达出来。有时候，影像说明也会直接影响读者对影像的理解，甚至会出现同一张照片配上不同的说明而使读者产生不同的见解。这也是“标题党”为什么总是那么吸引人的原因。

在图文编辑中，后期编辑首先要明白影像说明所起的作用：

1. 提供画面不能表述的基本信息，例如发生时间、发生地点、人物姓名、摄影作者等。

2. 提供画面不能提供的背景信息，例如事情发生原因、事情发生过程、事情最后结果的影响等。

3. 引导读者关注点和欣赏角度。语言的直接性会给喜欢讨巧的读者带来阅读便利。

思考题

1. 怎样看待影像前期拍摄和后期编辑的关系？

2. 在影像后期编辑中要注意哪些问题？

影像的后期数字基础 第二章

第一节　　像素、分辨率和图像质量

像素数

像素是组成数码影像的基本单元，像素数是衡量数码影像质量的关键技术数据，总像素数指的是一个画面上像素的总数目。我们知道，像素数越高，则画面记录的信息就越多，解像分辨率就越好。分辨率指的是每英寸包含的点数，单位是“dpi”，这个“点”在实际意义上可以和像素等同，所以 dpi 就等于每英寸长度内所含的像素数。虽然数码照相机的像素数决定了影像的分辨率，但像素数并不是决定数码照相机成像质量的唯一指标。感光体的外形尺寸和制造质量都和成像质量紧密相关。

分辨率

数码影像都要经过摄取、存储、显示或打印等程序，而每个步骤的载体都不一样，所以分辨率就分为扫描分辨率、显示分辨率和打印分辨率等。分辨率对于数码摄影初学者来说是一个非常重要也相当头痛的问题，因为它与图像质量和尺寸大小都紧密相关，所以读者一定要将这些概念搞清楚。

扫描分辨率

扫描分辨率是扫描仪将图片数字化时显示精度的标志，一般用每英寸取样数（samplings per inch，简称 spi ）来表示。spi 数值越高，精度就越高，所扫描的图片解像力就越高。取样数上限取决于扫描仪的光学解像力，如一台 600 × 1200dpi 扫描仪（扫描仪的解像力习惯上用“最高解像力 ×2 倍最高解像力”的格式表示）最高只能有 600spi

图 2-1　分辨率在 40spi 时的画面效果

图 2-2　分辨率在 75spi 时的画面效果

图 2-3 分辨率在 150spi 时的画面效果

图 2-4　分辨率在 300spi 时的画面效果　曾立新 摄

的解像力率。

显示分辨率

显示分辨率是显示器显示图像的解像力标志，它一般用每英寸像素数 (pixels per inch，简称 ppi) 来表示，标号的高低是由显示器的种类和操作系统里用户所选的显示参数所共同决定的。

显示器的种类首先决定了该屏幕可显示的总像素。显示器经过几十年的演变，已从仅能用 700（横）×350（竖）个像素显示黑白图像的 MDA 标准发展到了能以“全彩”1600 万多种颜色显示 1600×1200 像素的 SVGA 标准。显示器和点阵图一样，是通过很多的色点排成的矩阵来显示图像的（实际上“光栅图”这个词就源于显示器的“光格子”），色点越多，其显示分辨率就越高。不过因为 XGA 标准以上的显示器可以选择比最高解像率更低的显示参数，所以一个显示器的显示分辨率并不是固定的。比如一台 19 英寸的显示器，若用户在操作系统下选择了 1600×1200 像素的屏幕区域，则其显示分辨率为 1600（长边像素值）÷15.2（19in 是显示器的对角线长度，实际屏宽只有 15.2in) =105ppi。要是用户选用了 800 × 600 的显示精度，那么其显示分辨率就只有 52.5ppi 了（同理，为 800 ÷ 15.2 所得）。

从上面的计算我们可以看出，显示器的色点宽度决定了它的最高显示分辨率，显示器制造精度越高，显示器的最高可能解像力就越高，但如果用户在操作系统上选择了较小的屏幕区域尺寸，就会使显示器用一个以上的色点来表示一个像素。这样，单位面积里能容纳的信息量就减少了，实际显示分辨率也因此降低了。理解这一点非常重要，因为同样一个数码图像，根据所选的屏幕区域大小不同，在显示器上显示出的大小就不一样，虽然图像本身没有起任何变化。下面的图例就说明，若将屏幕区域的值设定得越小，图像在屏幕上所显示的面积就越大。

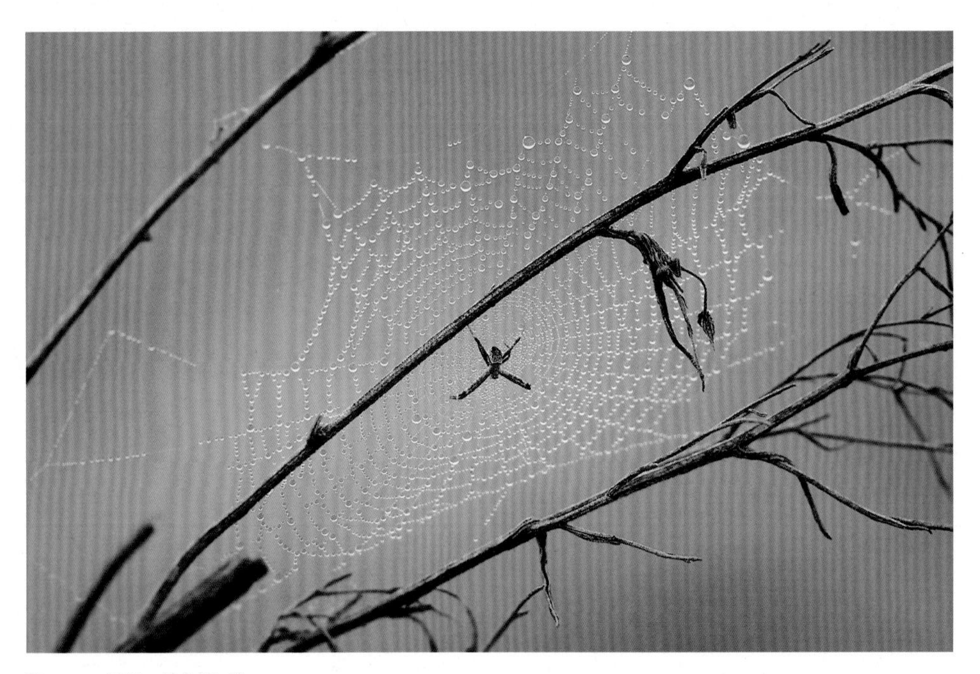

图 2-5 原图 曾立新 摄

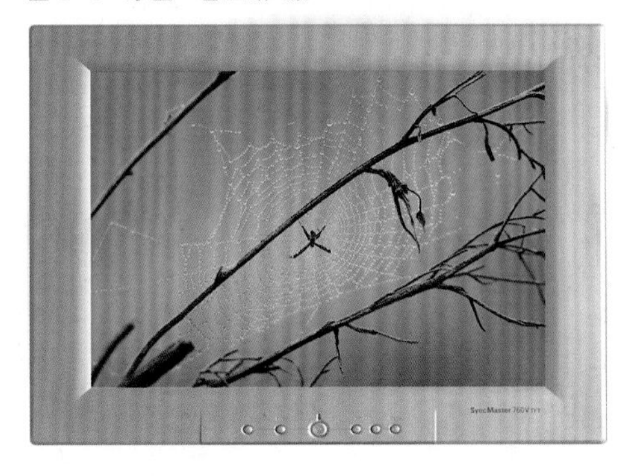

图 2-6 显示器设定在 1600 × 1200 像素时的显示效果

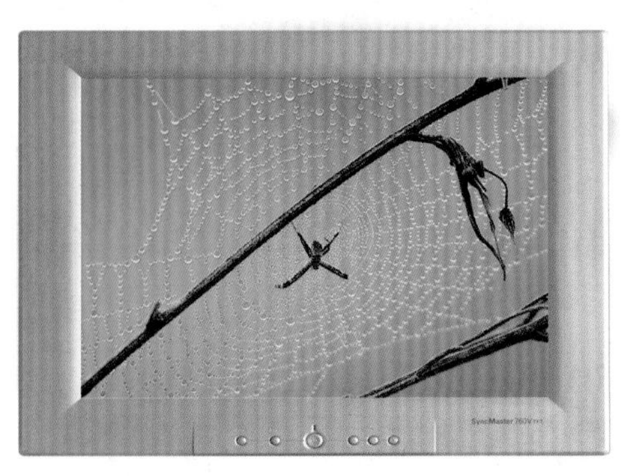

图 2-7 显示器设定在 800 × 800 像素时的显示效果

图像分辨率（内在分辨率）

数码图像生成途径不同，其内在分辨率也不尽相同，如通过数码照相机、数码摄像机或扫描仪获得的数字影像，其影像的内在分辨率都不一样。内在分辨率和显示分辨率一样，用每英寸像素数 ppi 表示。数码照相机和摄像机生成的图像一般都是固定的 72dpi(苹果机显示器的标准分辨率)，而扫描仪扫出的图片则由扫描仪上设定的扫描分辨率转变而成，若扫描仪上设定的扫描分辨率是 300spi，则影像存盘后的内在分辨率就变成了 300ppi。

打印分辨率

打印分辨率是打印输出图片的解像力标志，用每英寸点数（dots per inch，简称 dpi）来表示。显而易见，每英寸能容纳的点越多，点就更细小，解像力就越高。打印分辨率因此首先受输出设备的最高可能分辨率限制，任何图片打印出的分辨率都不可能高于打印机的最高分辨率。但是若用高分辨率的打印机打印较低分辨率的图像，打印机这时也和上面讲过的高分辨率显示器置于小屏幕区域一样，是用几个点来代表一个像素。至于一个图像需要多少 dpi 的分辨率才行，这得看最终所需的打印质量。

各种分辨率之间的关系

对数字影像有一定基础和了解的读者可能会问，一般只听说过分辨率是 dpi，而没有听说过 ppi 和 spi。其实，在概念上，扫描分辨率应为 spi，显示分辨率和内在分辨率是 ppi，而打印分辨率是 dpi，这些名词的区分有助于明确概念。但在实际操作过程中，一旦扫描的照片存盘后，扫描分辨率便成了内在分辨率，而在打印时，内在分辨率又变成了打印分辨率，加上像素、显示器色点和打印机打印点都很小，所以一般就简化了事，也统称为 dpi。目前就是扫描仪制造商也顺应潮流，将扫描仪分辨率也叫作 dpi。虽然名称简化为一个 dpi，但分辨率还是一个容易搞错的概念。特别难以理解的是，一张照片扫描后显示在屏幕上要比原照大好多，但若将其缩小，打印出来又比原照小了好多，或者图像质量根本就不行。下面就用一则实例帮助读者理解各种分辨率之间的关系。

例如，有一张 5 英寸 × 3 英寸的照片，用 300dpi 的扫描分辨率获取。要是将其显示在一个屏幕区域为 1024 × 768 像素的 17 英寸显示器上，再分别用杂志质量和报纸质量打印，那么扫描成的图像的像素总数是多少？在显示器上显示和在打印机上打印出的图片尺寸各是多少？

此例中，扫描后图像的总像素数是 5 英寸 × 3 英寸 × 300dpi= 1500 × 900 像素。根据前面显示分辨率的计算，我们知道，17 英寸屏幕的实际宽度只有 13.6 英寸，在 1024 × 768 屏宽时显示器的显示分辨率为 75ppi（1024 ÷ 13.6=75）。那么，这张照片在显示器上的面积就是 20 英寸 × 12 英寸（1500 ÷ 75=20，900 ÷ 75=12），屏幕显示不了整个画面。虽然图像在显示器上放大了四倍（读者可能已经明白，图像在屏幕上的放大倍率实际上就是图像内在分辨率和显示器显示分辨率的比），但要是以图像内在分辨率打印的话，那么打印件大小还是和原照一样大。因为扫描分辨率变成了内在分辨率，而内在分辨率又变成了打印分辨率。但要用杂志质量（175dpi，350dpi）打印的话，打印件的尺寸就要缩小了。缩小的比例就是扫描分辨率 / 内在分辨率（300dpi）和所需打印分辨率（350dpi）的比，所以，这时的打印件尺寸是 4.3 英寸 × 2.6 英寸。若用报纸图片质量打印，则打印件的尺寸就要放大。和缩小时一样，放大倍率就是扫描分辨率 / 内在分辨率（300dpi）和所需打印分辨率（120dpi）的比，这时，打印件就成了 12.5 英寸 × 7.5 英寸。

当然，上述例子只是为了说明各分辨率之间的关系而用了 300dpi 的扫描分辨率。一般来说，知道最终输出结果的网点数就可以直接算出所需的扫描分辨率，这样，扫描分辨率、内在分辨率和打印分辨率就等值，也就不用计算了。打印出来的图片也和原件同样大小，唯一不同的是图片在显示器上要被放大或缩小，而缩放比就是扫描分辨率和显示器显示分辨率的比。

我们的经验是，在计算时要抛开各个分辨率，而抓住总像素数不放。因为不管各种分辨率如何，万变不离其宗，进入计算机后，图像质量的好坏最终取决于总像素数。

第二节　点阵图和矢量图

点阵图

点阵图是以小点为单位来记录影像包含的信息。存储点阵图时，计算机要记录每个点的数据，而每个影像包括的点又特别多，所以点阵图的文件尺寸就很大。因为每个影像生成时点的数目是固定的，若要对影像放大、缩小时，就要改变点的数目，影像的细节就会因此有所损失。

图 2-8　点阵图局部放大后有锯齿状马赛克　曾立新 摄

矢量图

矢量图是以语句命令来描述影像包含的信息，整个影像是以语句命令来表述的。如一个点阵图里要用三千个点组成的圆圈，矢量图却只要用寥寥几句命令就可以完成。这样，文件就比较小。另外，图形的缩放也仅是改变几个语句而已。

点阵图和矢量图的区别

点阵图和矢量图的第一个区别是文件大小不同，相同尺寸的文件，通常点阵图要比矢量图大。第二个区别是矢量图可以随意缩放，既不改变文件大小，也不影响影像质量。而点阵图局部放大后会出现锯齿状马赛克。

虽然矢量图在文件尺寸和分辨率上有很大优势，但在再现物体表面的细节和颜色的真实性方面却是点阵图略胜一筹。基于此特性，数码摄影所涉及的主要是点阵图。

图 2-9　矢量图局部放大后细节光滑　©全景网

第三节　影像的格式

影像的文件格式是计算机记录和解码影像的方法，它同时又是色深、色彩模式和压缩方法的具体结合体。最常见的影像格式有：原始格式 RAW（扩展名为 .raw，或其他厂家自定的字母组成，如 .nef）、Photoshop（扩展名为 .psd）、TIFF（扩展名为 .tif）、JPEG（扩展名为 .jpg）和 GIF（扩展名为 .gif）等。

图 2-10　上图是用 JPEG 格式拍摄得到的影像，下图是用 RAW 格式拍摄经 LR 软件取得的影像。很显然，用 RAW 格式拍摄得到的影像有更亮丽的色彩和更丰富的影调层次　曾立新 摄

RAW 格式

RAW 是数码照相机记录和存储原始数据的一种文件格式，它是没有经过色彩饱和度、锐度、对比度处理或白平衡调节的原始文件，并且没有经过压缩。RAW 格式的影像文件保留了感光材料捕获影像最高质量的信息，其色彩和层次的宽容度相当广阔。

RAW 最大的好处是保存了最原始的拍摄数据，把更多的自由交在用户手里，为后期制作提供了最大的余地。与 TIFF 格式的文件相比，RAW 格式的文件尺寸小；与 JPEG 格式的文件相比，RAW 格式的文件要大些。

目前，一些早期出品的软件不支持 RAW 格式文件，事后要用专门的软件才可以转换成其他格式。用 RAW 格式拍照并非万能保险，拍摄时仍要尽可能地将感光度、曝光、色温等设定正确，以便后期处理。如果拍摄前你对白平衡、曝光量、色调等都很有把握，便可以直接选择 JPEG 格式拍摄，虽然它对后期制作有所限制——就像拍摄反转片，但这并不意味着反转片不如负片，或者 JPEG 格式不如 RAW 格式。使用 JPEG 格式拍摄，可以降低文件尺寸，提高存储速度，更有利于瞬间抓拍。因为，拍摄时正确设置了曝光和白平衡，在用计算机进行后期处理时可以让工作变得更简单，有时甚至不必进行后期处理，就能得到理想的图片。因此，决定使用何种格式拍摄，取决于你对拍摄技术的把握程度和具体的拍摄需求。

PSD 格式

PSD 格式是 Photoshop 格式的简称，是用于高档图片和印前处理的格式。它可以包容矢量图和点阵图两种信息，支持多种色深度并保存所有的图层、路径、蒙罩、透明部位和 Alpha 通道。PSD 格式对图像质量的保留来说是最好的格式，但很多文字处理和网络编辑软件都不能打开这个格式。另外，它只能用不失真压缩方法，所以压缩比很低，文件尺寸大，不适合在网上传输。

图 2-11　PSD 格式包含图层、路径、Alpha 通道等多种信息，文件量也比较大

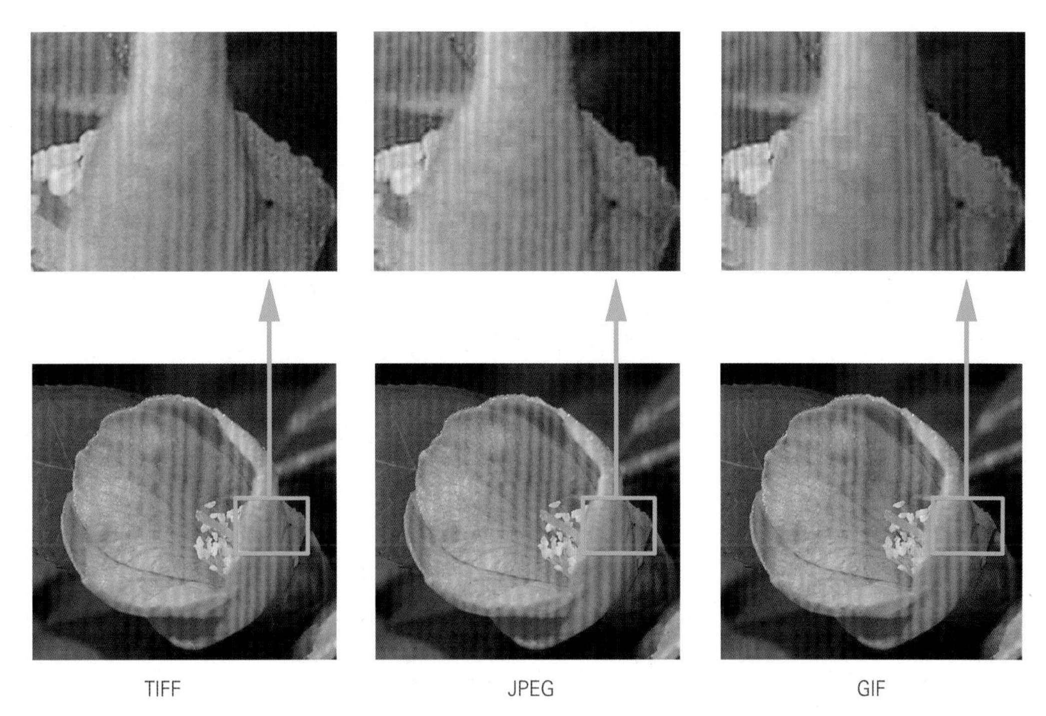

图 2-12　不同格式图片包含的影像细节区别
TIFF 格式图片包含最丰富的细节，JPEG 格式细节稍有缺失但色调连续，GIF 格式色彩不连续，有失真。　曾立新 摄

TIFF 格式

TIFF 格式支持 48 位色深，也能保存路径、透明部位。它的压缩方法既可以选用不失真的 Rle、Lze 方法，也可以选用 JPEG 这样的失真方法。使用 TIFF 的好处是得到多数排版和图片处理软件的支持。PSD 和 TIFF 都支持 RGB 和 CMYK 色彩模式。

JPEG 格式

JPEG 严格地说是一种压缩方法，而我们现在称之为 JPEG 的文件格式应该叫作 JFIF（File Interchange Formt），

图 2-13　JPEG 格式是最常见的图片格式，可以将文件尺寸缩得很小，摄影师有相当大的控制权

但因为习惯上被称作 JPEG 久了，现在要正名已经不可能了。

JPEG 格式原来是专门为网络设计的图片格式，它支持 24 位的色深，用高压缩比的 JPEG 方法压缩，所以可以将文件尺寸缩得很小，有相当大的控制权。正因如此，才得以在网上广泛流行。

GIF 格式

GIF 格式是 JPEG 开发之前网上流行的图片格式。它特别适合对图片精度要求不是很高的网络传播，因为 GIF 只支持索引色模式和 8 位色深，文件尺寸小，上传下载速度快。除了色深和色彩模式外，GIF 和 JPEG 的另一个不同点是，JPEG 适用于色调平顺、连续的自然照片图像，而 GIF 则相反，它适合于图标等对比度大、色区分明的图片。

第四节　　色彩模式

色彩模式是计算机或其他生成图像的系统合成颜色的不同办法。最常见和通用的色彩模式有 RGB、CMYK、LAB、灰度和索引颜色等。因为它们成色的方法不同，所以就有不同的通道和文件尺寸。

RGB 模式

RGB 模式是色光的色彩模式。R 代表红色，G 代表绿色，B 代表蓝色，三种色彩叠加形成了其他色彩。因为三种颜色都有 256 个亮度水平级，所以三种色彩叠加就形成 1670 万种颜色了，也就是真彩色，通过它们足以再现绚丽的世界。RGB 模式里的原色一般都是色光，所以仅用于在计算机屏幕或投影仪上显示图像。当三原色都是百分之百的强度时，合成色就呈白色，三原色都为零时就呈黑色。因为三色越多就越接近白色，所以 RGB 被称为加色成像法。

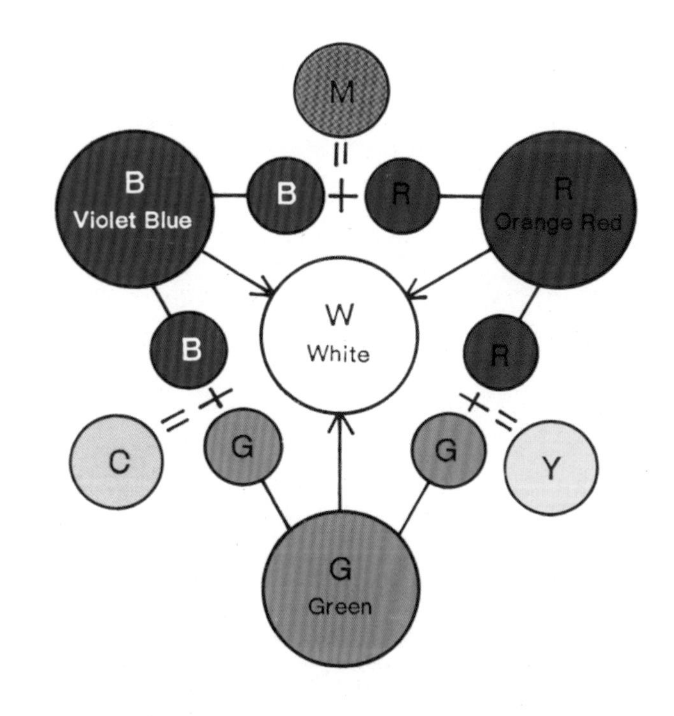

图 2-14　加法成色方法

CMYK 模式

与 RGB 相反的是 CMYK 模式，这种色彩模式常用于印刷或其他用颜料成色的场合。当阳光照射到一个物体上时，这个物体将吸收一部分光线，并将剩下的光线进行反射，反射的光线就是我们所看见的物体颜色。这是一种减色色彩模式。不但我

们看物体的颜色 时用到了这种减色模式，而且在纸上印刷时应用的也是这种减色模式。CMYK 代表印刷上用的四种颜色，C 代表青色，M 代表品红色，Y 代表黄色，K 代表黑色。在实际应用中，由于颜料的纯度有限，青、品、黄三原色混合相加得到的不是纯净的黑色，而是暗棕黑色，所以就要再加一个黑原色，以使深色调更真实。黑色的作用是强化暗调，加深暗部色彩。

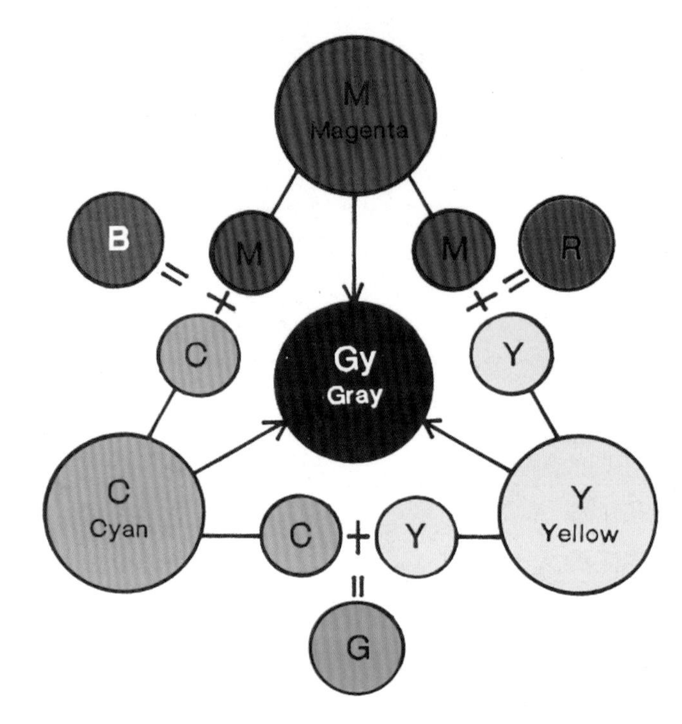

图 2-15　减法成色方法

CMYK 模式是最佳的打印模式，RGB 模式尽管色彩多，但不能完全打印出来。用 CMYK 模式编辑虽然能够避免色彩的损失，但运算速度很慢，因为在 RGB 和 CMYK 两种色彩模式里，一个原色就是一个通道。对于同样的图像，RGB 模式只需要处理三个通道即可，而 CMYK 模式则需要处理四个通道。另外，即使在 CMYK 模式下工作，图像处理软件也必须将 CMYK 模式转变为显示器所使用的模式。由于用户所使用的扫描仪和显示器都是 RGB 设备，所以，无论何时使用 CMYK 模式工作，都有把 RGB 模式转换为 CMYK 模式这样一个过程。在数码制作过程中，都是先用 RGB 模式进行处理，只是到最后进行印刷工作前才转换成 CMYK 模式 ，然后加入必要的色彩矫正 、锐化和修改。

LAB 模式

LAB 模式是由国际照明协会于 1976 年制定的一种色彩系统。整个模式由辉度通道、A 通道和 B 通道组成。A 通道是由暗绿色 (低亮度) 到灰色（ 中亮度 ）再到艳品红色 (高亮度) 的渐变色组成；B 通道则由淡蓝色 (低亮度) 到灰色（ 中亮度 ）再到艳黄色（高亮度) 的渐变色组成。这实际上相当于是两个模式再加一个辉度通道，所以 LAB 模式能合成的色彩比 RGB 和 CMYK 两种模式都要多。

色彩模式产生不同颜色的能力叫作色域。RGB 模式的色域总体上要比 CMYK 来得大些，但有些 CMYK 模式上产生的颜色是 RGB 模式里没有的，所以它俩可谓各有千秋。而 LAB 模式在理论上包括了肉眼能看到的所有颜色，色域是三者中最大的。一般情况下，CMYK 模式（因为有四个通道）文件尺寸为最大，RGB 次之，LAB 模式最小。综合以上因素，LAB 模式是最理想的色彩模式了，因此在好多图像处理软件里都将 LAB 模式当作内在色彩转换的标准模式。

灰度模式

灰度模式实际上相当于只有辉度通道的 LAB 模式，它只有一个通道，是黑白图像，文件尺寸也要比 RGB 和 LAB 等模式小近三分之二。

图 2-16　LAB 模式有宽泛的色域范围，有些图像处理软件常常将 LAB 模式当作内在色彩转换的标准模式

图 2-17　灰度模式即黑白模式　曾立新 摄

第五节　　位数和色彩深度

位数

位数是度量数码信息量的单位。电脑处理图像信息时，采用的方法是二进制运算。每一个二进制的位数称一位，用 bit 表示。若一个通道的色彩变化或区分范围用二进位制的 n 位来代表，则可表示为 2 的 n 次幂，即 2^n。位数越高，图像的数码信息量就越大，色彩的区分度就越大，色彩还原就越逼真。

色彩深度

因为点阵图的每个像素的色彩是通过红、绿、蓝三个单色的不同组合形成的，每个单色的亮度变化会导致像素最终颜色的变化，因此，每个像素的色彩变化范围是由每个单色的亮度可变范围决定的。要是每个单色只有黑和白两种变化(称为一位色深或位深)，那么红、绿、蓝的组合就有 8 种可能（$2 \times 2 \times 2 = 8$）。要是每个单色有二位色深，

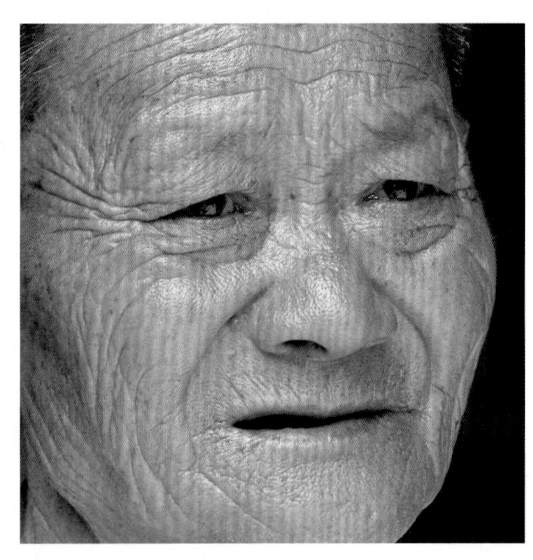

图 2-18　图像在不同位数时的效果比较

图像的位数是 1，图像包含的信息只有 2^1，即 2 级色阶，整张图片由黑和白两种“元素”组成

图像位数是 8，图像包含的信息有 2^8，即 256 级色阶，整张图片由从黑到白的 256 种灰阶层次组成，图像的影调就显得更丰富细腻

即四种亮度变化（在黑和白之间另有两级灰阶 64 和 128 亮度值），那么这个像素的色彩就有 64 种可能 (4 × 4 × 4 =64)。不过一般一个像素的色深都是以三个单色色深的和来表示的。所以，所谓的“真实色”或“全彩色”，就是 24 位的，即每个单色有 8 位色深、有 256 级亮度变化（这也就是一般每个单色都以 0~255 数字表示亮度值的原因）。这样，红、绿、蓝三个频道的综合可变性就成了 16777216 (256 × 256 × 256 = 16777216)。

色深不但决定图片能显示的颜色，它还是图片文件尺寸的决定性因素之一。图片的文件尺寸是长、宽像素的积乘以色深得出的。同样一个 1000 × 1000 像素的图片，在一位色深不压缩时是 100 万个比特，即 125000 字节（8 个比特为 1 个字节），而色深是 8 位时，文件尺寸就成了 800 万个比特，即 100 万个字节了。所以，在同等条件下，色深越大，文件尺寸就越大。

第六节　色彩管理

许多读者可能都遇到过这个现象：一张照片，在屏幕上看看效果很好，可是打印出来就面目全非了，纸张上的色彩不仅偏差大，而且完全没有屏幕上那艳丽明快的色彩。发生这种情况的原因有两个，一是上述提及的色彩模式的色宽问题，因为屏幕显示和打印图片的色彩模式不一样，前者用的是RGB模式，后者用的是CMYK模式，两个模式的色宽化（Color Gamma，或称色域）不一样，某个能在一个模式显现的颜色在另一个模式里可能就没有。二是色彩从一个仪器过渡到另一个仪器的恒常性问题。比如从屏幕到喷墨打印机，同样是RGB模式，但屏幕和纸张上的颜色也可能截然不同。那么这个问题该怎么解决呢？这就需要运用色彩管理了。

色彩管理系统首先对每台仪器的色彩解释方法进行描述，如显示器要通过校验程序，将其荧光粉的亮度、色温和偏色程度记录下来，形成一个描述档案。然后，在把这个屏幕显示条件下调节好的图片数据输送到另一个同样有描述档案的仪器上时，计算机就可以通过两台仪器的描述档案，根据两者在偏色程度、色宽和其他特征上的不同，而对图片作相应的调整。这样就能基本保证图片从一个色彩模式到另一个色彩模式、从一台仪器（如扫描仪）到另一台仪器（如显示屏或打印机）的转换过程中不至于损失太大。原来各台仪器的校验和描述档案都是要用专门厂家的软件和硬件进行的，但自从国际色彩联合会(International Color Consortium，简称ICC）于1993年成立并设立标准后，大家都采用ICC描述档案。因为ICC描述档案采用LAB色彩模式，而这个模式的色宽比RGB、CMYK等任何模式的都要大。因此，只要各个环节都做好色彩管理(最基本的步骤是添加仪器的ICC描述档案)，色彩的真实还原就有一定保障了。

色彩管理是一个非常复杂的技术性很高的系统工作，由于篇幅所限，这里只讲一些基本原理以及显示器的校准和Photoshop色彩管理的设置。

显示器是我们进行数码影像处理时人机对话的窗口，校准显示器是色彩管理的第一步，旨在建立一个ICC描述档案，让后面步骤的仪器对所接收到的影像效果有一个基准点。虽然所有显示器都在某个色彩空间下工作，但由于制作材料以及机械、电子结构上的不同，它们的显色特性会有所差异。此外，开机时间长短、使用年限等因素都会影响显示器的显色性能。所以要想保证显示器的显示特性准确稳定，应经常校准显示器。校准要在开机半个小时以后进行，让显示器开机后从预热到稳定状态，同时还要注意显示器的工作环境：

1. 室内的照明光线应保持稳定。照明光线的色彩尽可能接近自然日光，最好使用色温为 5000K 的专用灯管。

2. 去掉墙壁上浓烈的大色块装饰品以及铺在电脑桌上那些艳丽纯色的桌布，因为它们会干扰我们眼睛对颜色的判断力。

3. 拉上窗帘以减少来自户外或墙壁的反光，并防止室外日照变化而影响室内亮度变化。

4. 室内的灯光亮度要适宜，不要让灯光亮度超过屏幕亮度，否则会影响我们对数码影像的判断。

5. 在显示器上部边缘用黑色纸板制作一个遮光框罩，该遮光框罩的上部应超出显示器 200mm 左右。将这个遮光框罩罩在显示器上，以防止照明光线直射显示器表面，并消除显示器表面的眩光。

显示器的硬件校准

借助硬件来校准显示器的方法，自然是最精确和有效的，只是这种硬件校准设备往往价格比较贵。这种硬件设备的核心是一个高精度的色度计。显示器的硬件校准是通过一个吸附设备将色度计吸附在显示器屏幕上，来测量由荧光屏发射出红、绿、蓝三色的光线，随校准设备附带的软件将根据测量数值的变动来建立一个针对这台显示器特性的描述档案，从而达到校准显示器的目的。

使用色度计校准显示器比通过软件校准花费更多且操作复杂。但近年来色度计的价格已大幅度下降，同时其附带软件也越来越容易使用。因此，对于一些高要求的数码影像处理来说，配置显示器校准硬件还是很有必要的。

图 2-19　用硬件来校准显示器的色彩

显示器的软件校准

显示器的软件校准简单、有效、省钱，我们都可以用这一方法来校准自己电脑的显示器。可以用来校准显示器的软件有多种类型，有显示器厂家为自己显示器提供的附带软件，也有第三方制作的显示器校准软件，还有电脑系统（如 Win 7 系统）自带的软件。软件不同，显示器校准的操作方法也各有差异。下面以 Adobe 公司出品的 Adobe Camma 为例，介绍显示器的软件校准操作方法。我们通过控制面板去访问 Adobe Gamma 软件所校准的内容，包括显示器的白场、对比度和亮度。最后得到的是一个针对这台显示器在特定亮度、对比度旋钮状态下的描述档案。

Adobe Gamma 软件校准显示器的步骤如下：

1. 从“开始→设置→控制面板”进入，打开 Adobe Gamma（如图 2-20）。

2. 打开 Adobe Gamma 控制面板之后，将出现想要采用“逐步”的方式还是“控制面板”方式的对话框（如图 2-21），请选择“逐步”方式。

3. 这时，允许载入一个描述档案来描述你的显示器。你可以选择任何一个描述档案，但较好的做法是采用软件默认的描述档案。

4. 接下来需要对显示器的亮度和对比度作调整。先是将对比度调至最大。接下来调整亮度，使图 2-23 右下角黑块中央的方格暗至刚刚能被看出为止。由于不同

图 2-20

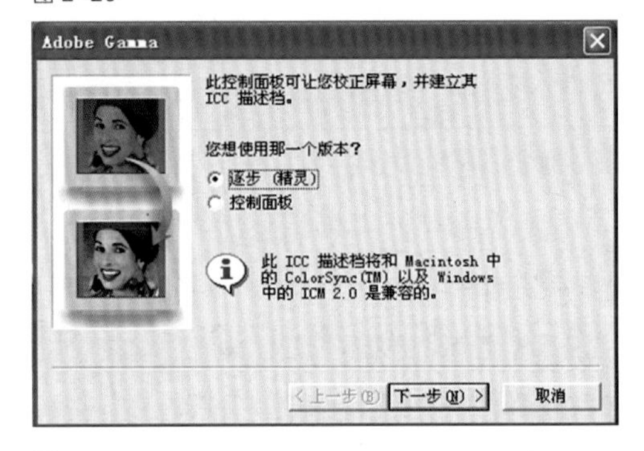

图 2-21

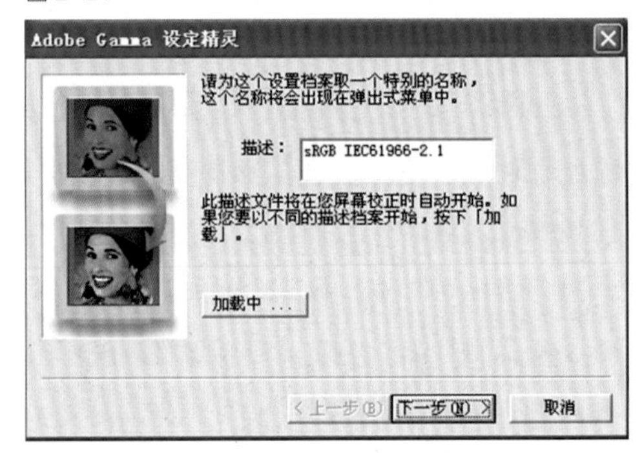

图 2-22

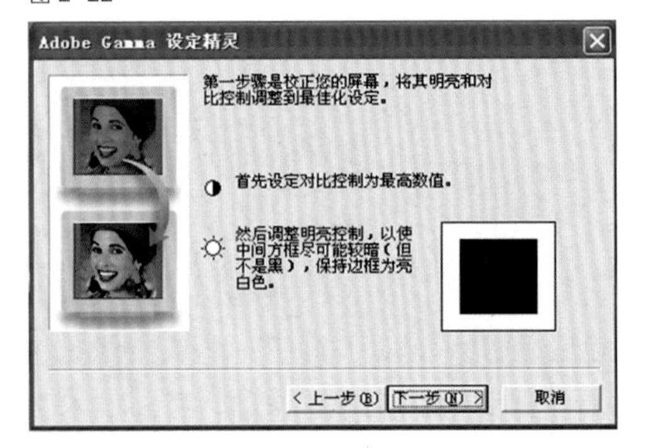

图 2-23

显示器在出厂时的设置不尽相同，有些显示器这一步的调整可能有些难度甚至做不到，若能调整至最接近的状态即可。

5. 选择显示器所用的荧光剂。确定此项设置的办法一是查阅显示器随机附带的使用手册，目前我们使用的显示器大多为液晶显示器，不存在荧光剂的设置，可按默认值忽略此项。

6. 调整显示器的 Gamma 值。操作系统选择 2.2（苹果电脑的 Mac 操作系统选 1.8），然后移动色框下方的滑块，使外框成图案与中央方格的影调融合。为了完成这一具有相当难度的步骤，你不妨眯眼看红、绿、蓝三个色块，这样做更易于判断外框线条图案与中央方格影调的融合程度。如果是近视眼，摘掉眼镜调整也是一个好办法。

7. 决定显示器的白场。一定要先确保第 6 步已精确调整完毕，否则会影响这一步调整。先点“测量中”，出现图 2-25 的画面后，如果中间的色块不是中性灰，而是偏冷或暖色，则分别点一下左（或右边）的色块，直至你认为中间的色块是中灰了，这时双击中间色块，退出测量白场界面。

8. “已调整最亮点”是指显示图像时，你要求显示器实际采用的最亮点设置。可将其设置为纸白色（5000K）或日光色（6500K）。不过建议选取“与硬件相同”选项，该选项所选择的是在第 7 步中确定的设置，它可避免对显示器动态范围进行截取，从而发挥出显示器的最佳性能。

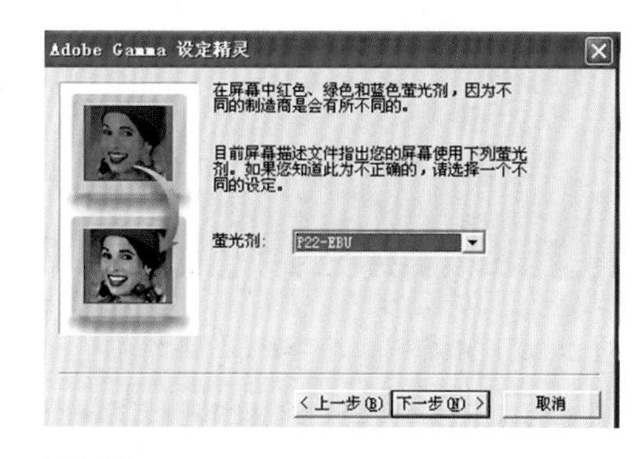

图 2-24

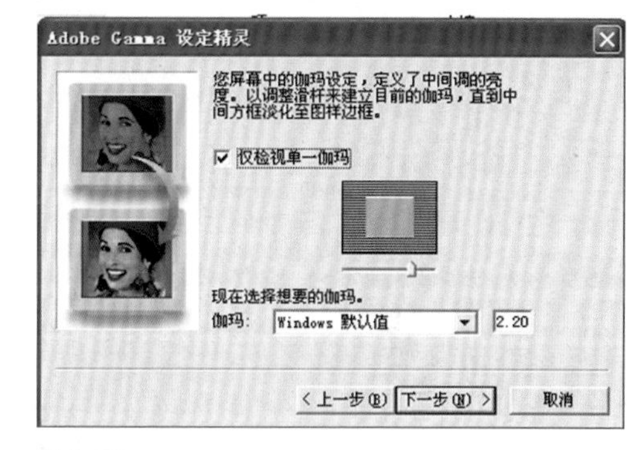

图 2-25

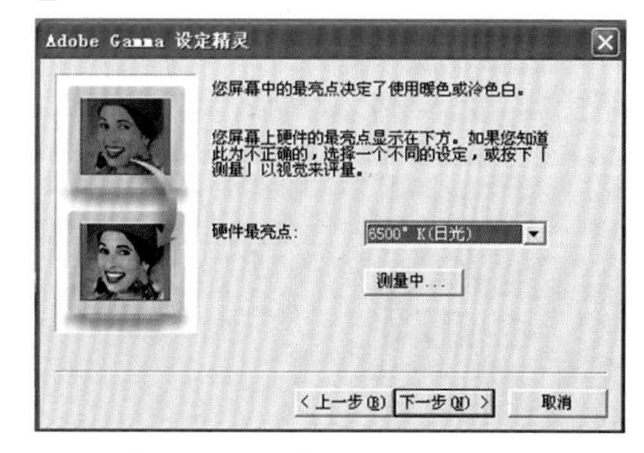

图 2-26

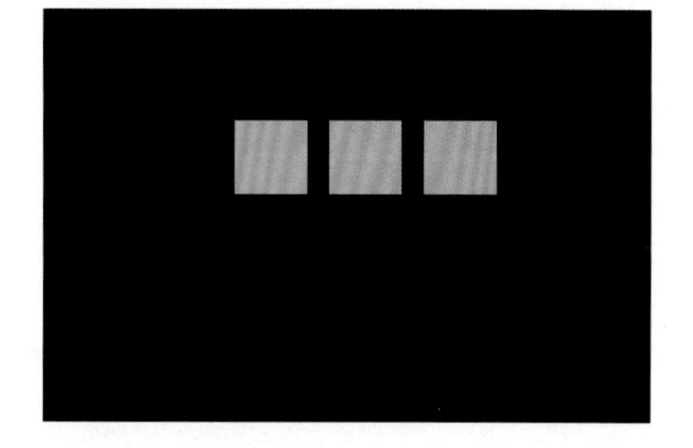
图 2-27

9. 到这一步点击“完成”并保存设置。

保存时，将你的设置以一个诸如“某日的显示器设置”之类的文件名来命名并进行保存，以便日后了解何时做的色彩管理。这个文件便可成为被系统所使用并且管理显示器色彩空间的描述档案了。

校准工作完成之后，不要再去改变显示器的亮度和对比度，显示器亮度和对比度的任何改变都将影响已建立的描述档案的准确性。

用 Adobe Gamma 软件校准显示器虽然简单、有效、省钱，但依靠的是用户的主观判断。因此，校准时可能会因个人视觉偏差而造成校准偏差。不过通过 Adobe Gamma 校准总比不校准强，用 Adobe Gamma 校准基本可以满足我们日常生活中从事娱乐、制作等需要。

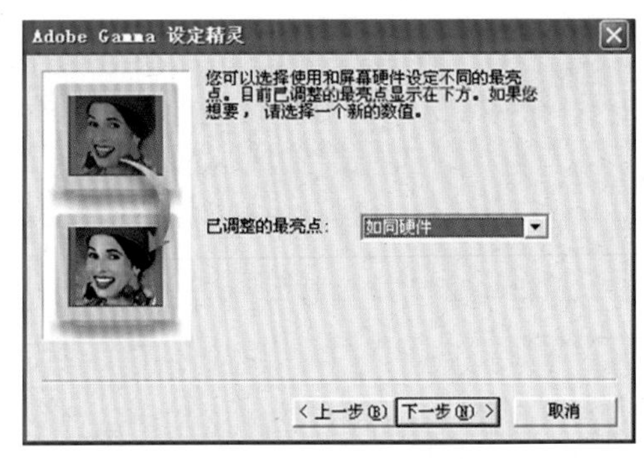

图 2-28

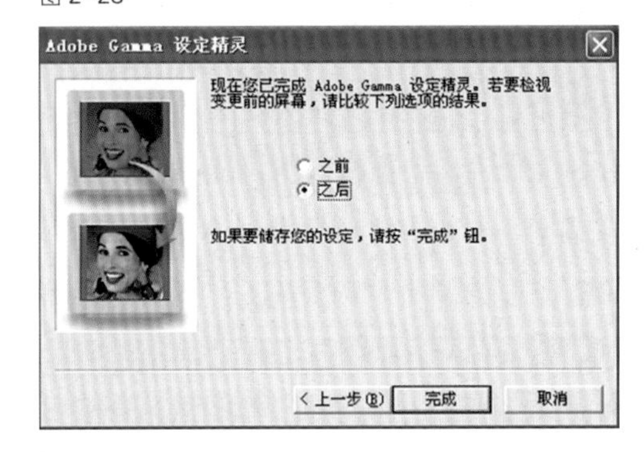

图 2-29

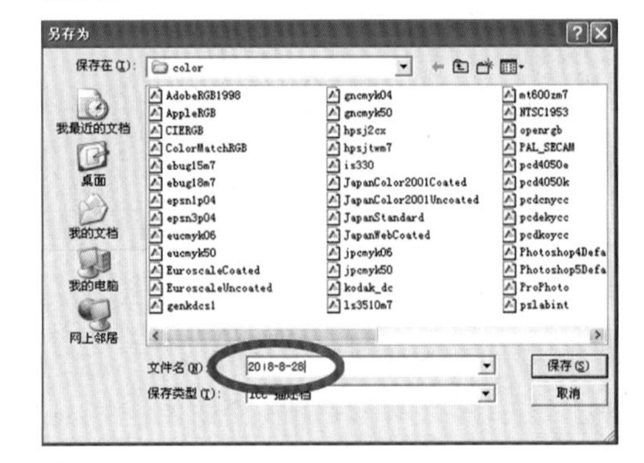

图 2-30

思考题

1. 镜头分辨率和数码影像的清晰度与像素数之间有什么关系？

2. 学习和了解“影像格式”和“色彩模式”有何意义？

3. “色彩管理”与数码影像编辑有何关系？我们能做些什么？

影像的后期编辑　第三章

第一节　影像的后期挑选与管理

作为一名摄影师，按动一次快门是远远不能满足拍摄需求的。由于存在各种不确定因素，为防止失误，摄影师往往会根据拍摄内容进行多方位的连续拍摄，以确保能对所拍内容有最完整的诠释。

这种相对保险的拍摄方式虽然避免了错失时机的遗憾，但也给后续工作带来了一些不小的麻烦。比如后期选片时效率低下，面对差不多场景的照片会“乱花渐欲迷人眼”，无法挑选出真正具有代表性的照片，和拍摄时的初衷大相径庭。在降低失误率和保持效率之间要寻求一种适合自己的平衡，多拍肯定是没有错的，但乱拍不可取，需要加强的是如何提高自己挑选照片的能力。在这种数量至上的情况下如何做到慧眼识珠，做到不错失一张好照片，便是考验摄影师挑选照片能力的时候了。

对照片数量进行有效控制

对照片数量进行有效控制，可能和“抓住时机拍摄”有一定冲突。我们称摄影是“瞬间艺术”，这对摄影师而言，就需要提高对瞬间时刻的把握能力。

数码照相机的普及，加上存储卡容量越来越大，容易让摄影师养成“扫射”的陋习，从而对影像的后期编辑造成压力。影像的后期挑选也就成了数码时代不可或缺的“规定动作”。如何对照片数量进行有效控制，以下建议可供参考。

1. 在照相机上及时删除不满意的照片。

对摄影师而言，如果毫无章法地乱拍，那么导入、导出加选片会造成人力、物力资源的浪费，大大降低工作效率。因此，摄影师要学会珍惜按动快门，让每一次按下快门都变得有意义。在拍摄告一段落后，为了避免后期选片麻烦，一般会在照相机上进行初次筛选，滤掉一些看上去明显不合适的照片，这样可以提高后期选片的效率。

2. 将影像及时拷到电脑中，给最佳照片做标记。

对于一些重要的拍摄时刻，把握机会比什么都重要，这时多按动快门是必要的。照片拍摄后要及时拷到电脑中，并给最佳照片做标记，以免日久遗忘或遗失精彩瞬间。

3. 防止误删和错删。

有时，我们可能会忽略一些看似废片的升级潜力，从而失去一次塑造好作品的机会。通过后期软件处理，一些废片，可能会比一张中规中矩的照片来得更出彩。那么在这种情况下，如何做到真正删除无用的照片而保留那些有潜力的照片呢？这就需要将即时拍摄和后期处理进行综合考虑。

比如拍摄建筑照片，有时照相机机位不恰当会造成影像歪斜，在视觉上产生不适感。这种照片在检视时容易当作废片删除。其实，只要画面精彩，使用后期软件将歪斜的影像加以校正，是比较轻松方便的。

图 3-1 拍摄的是上海浦东建筑群，建筑物上的线条很多，垂直的柱子和江面的倒影对角度的要求很严格，稍不留心就会导致建筑倾斜。即使拍摄时不小心使影像歪斜了，也不要担心，可以利用 Lightroom 里的剪裁工具或 Photoshop 的透视控制歪斜的影像

图 3-1 《外滩》张蓓蕾 摄

图 3-2 《练功》处理前　张蓓蕾 摄

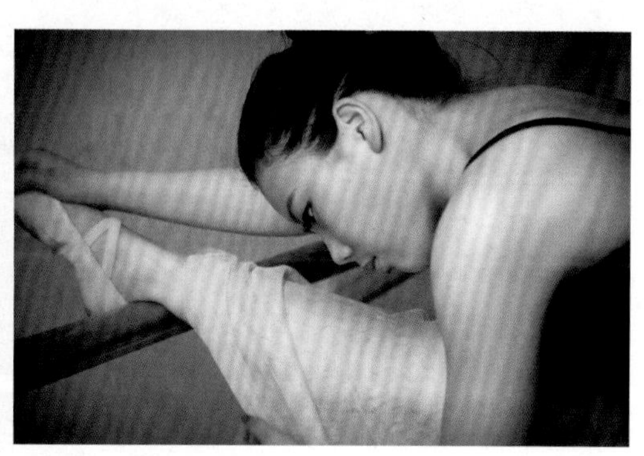

处理后

加以校正，这个问题就可迎刃而解。

另一种情况是画面中夹杂了干扰物，影响了画面的美观和主题表现。摄影师在取景时难免有一些不符合拍摄意图的东西掺杂，有时想避也避不开，让本来很好的画面留下遗憾。这种情况除了可以运用裁切工具处理之外，后期软件中的仿制印章和修补工具也可以为你解除这些烦恼。图 3-2 中舞蹈女生表情自在，体态自然，是神态放松的时刻，可周遭环境和光线却破坏了画面的美感。这时，我们可以使用后期软件中的一些工具将色调美化，并对画面背景作适当裁切，从而将人物的气质突显出来。

以上种种情况在摄影中很常见，摄影师在挑选照片时，要学会用后期编辑的思维去看待原片，尽力发掘图片后期的潜力。

及时整理，将照片归类打包

照片不像文本，可以自动搜索，如果不养成及时整理照片的习惯，日积月累，摄影师的图片库将会是乱麻一堆，想要的图片找不到，甚至不知道去哪里找。因此，摄影师要学会将图片及时整理，并归类打包。在分类打包时，最好用“拍摄时间”和“拍摄内容”两个信息来命名文件包，以便日后可以用这两条关键信息搜索到照片。

在照片归类时，对一些内容相似、却难以取舍的图片，不妨试试那些有照片评分功能的软件。例如有些软件可以为照片评最多五颗星，经过评分，你会发现整理图片就容易多了。佳能 EOS 5D Ⅲ能以 5 个级别对拍摄图像进行评分，从而根据不同评分标记进行回放（跳转显示）和幻灯片播放，进而实现快捷的图像检索和管理。而且，在利用 DPP 或 ZoomBrowser EX 等相机附带软件选择图像时，也可以按此评分标记来显示图像。这种功能并不少见，却被许多摄影师忽略了。该功能有助于摄影师梳理和管理图片，在保证质量和偏好的情况下做到有序归类和整理。

图 3-3 佳能 EOS 5D Ⅲ 的评分窗口

利用照相机自带功能将照片整理得井井有条，能够大大增加整个后期编辑的效率，有助于拍摄工作顺利完成。

关于照片的后期整理和挑选，可以说有诀窍，也可以说没有。每一幅用心拍摄的照片都有可能是好照片，但如果没有方向去胡乱挑选，那么你选出的可能并非你要的照片。摄影师应该去做有目的的拍摄，并在创作中找到属于自己的风格和偏好，同时建立一套管理照片的方法，这样会使自己的摄影之路越走越顺，越走越开阔。

牢记事项 | 掌握基本功能 | 更多高级技巧 | 附录

ZoomBrowser EX的主窗口

如何显示主窗口

当相机内图像都传输到计算机，并关闭CameraWindow软件后，计算机便会出现主窗口的画面。双击计算机桌面上ZoomBrowser EX图标，也可以显示此主窗口。

主窗口内各部分名称

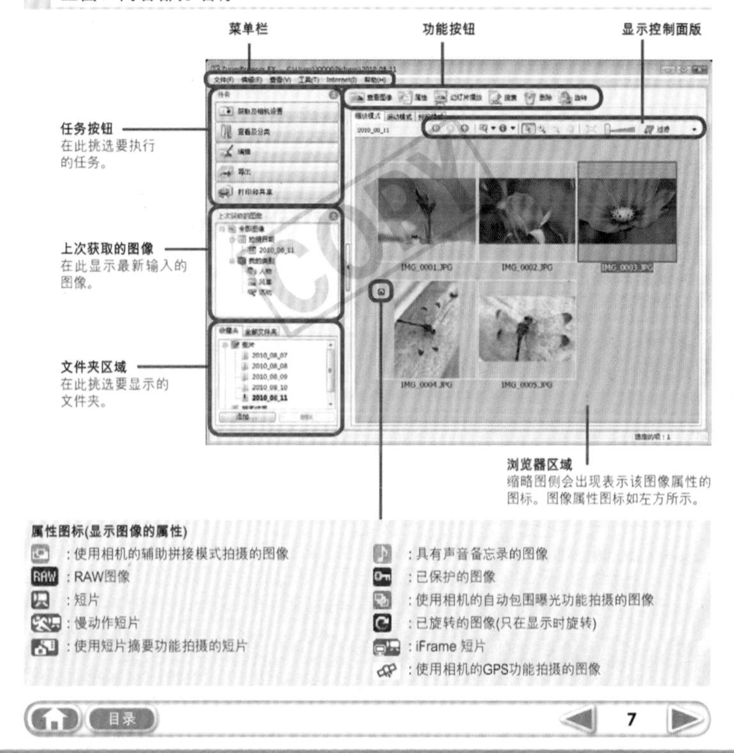

图 3-4 ZoomBrowser EX 的主窗口

第二节　影像的叙事安排

我们对于事物的感知和形象的确立，大多是通过眼睛来实现的。眼睛承担了我们日常生活中对图片信息的收集工作。在人们用眼睛观察世界的过程中，面对重复、同样的场景会选择漠视和忽略。然而，照相机和人眼不同，它只会听从你按动快门的指令，而不会自动取舍。人眼与机械眼的差异导致了两者所见的内容和表达方式不一样。俗语说，“一千个人眼中有一千个哈姆雷特。”因叙事方法的不同，观众解读图片，会产生各种不同的理解。

这种观看与被观看的关系，在摄影中从未被改变。如果没有人观看，摄影图片便失去了意义。观看也是一门艺术，是需要学习的。摄影的观看有别于一般意义上的观看，它不只是为了满足人类的基本生活需求，而是从精神层面上对人们的观念和审美产生影响。摄影的观看是双向的，作者在创作过程中需要对观众的感受加以考量。既然如此，摄影师在创作中就有必要通过对摄影的叙述方法进行合理且符合逻辑的安排，由此引导观众对图片的主题和内容进行完整合理的解读。

单张照片的叙事安排

每一幅摄影作品都有其自身的传递信息功能，它可以重返过去，也可以是仅仅表达自己观点和对平凡生活的记录。在画面定格的那一瞬间，所呈现的东西会随着时间的变化而衍生出不同的含义，但拍摄者的初心不会随着时间的流逝而改变。单张图片的叙事有趣之处在于，除去摄影师本身注入的背景和意义，观众对于照片的理解完全来自于自身的生活经验之谈。它所表达的有可能和观众的感受大相径庭，从而赋予了图片更多的含义。

想要利用一张摄影图片来传达思想引起讨论，那么其画面首先要在视觉上吸引人，也就是要“抢眼球”，其次要经得起看，有耐人寻味的内容。在画面布局上要素之间要有主次，互相之间既有联系却并不冲突。想要加强画面的视觉吸引力就应突出重点，画面尽量简洁，整张照片往往只有一个视觉中心，其他的元素都是陪衬。

在图 3–5 中，孩子依偎在长者怀中，脸上显出认真聆听的神情。长者面相慈祥，似在向孩子叮咛嘱咐。长者身位高，孩子身位低，组成了一个稳定的三角形构图，而背景虚化，其视觉重点就在长者与孩子的互动上。观众被这种“祥和、温暖”的氛围所感染，进而会想，长者在对孩子说些啥话？他俩之间是师徒关系，还是血缘关系？这些疑问使摄影作品的叙事得以展开。画面重点突出，主次、虚实安排都十分到位。

图 3-5 《温情》 ©全景网

我们再来看图 3-6，照片中是一位身穿蓝色工作服的工人，置身各种陶艺品和制陶工具中背对着镜头。周遭大大小小的成品和半成品让观众对于人物的身份有了基本判定。虽然人物处于黄金分割点上，视觉突出，但人物采用背面和坐姿，缺少正面形象和足够的信息，而环境的散乱和拥挤也分散了观众的注意力。这样的叙事安排就有所欠缺。

图 3-6 《制陶工》 张蓓蕾 摄

组照的叙事安排

摄影师通过摄影画面来表达一个完整的主题，想承载更多的内容，引发更多的思

图 3-7 《班级活动》组照没有考虑照片之间的互相帮衬和呼应关系，叙事主线不明确，照片数量虽多，效果却不理想

考，仅靠单张照片往往勉为其难，而通过组照来叙事，通过照片之间的铺垫、陪衬、配合来对一个事件进行多维度、多层次地叙述，往往能达到很好的效果。有些组照从单张照片看，似与拍摄主题互不相关，但将几幅照片联系在一起，就产生了 1+1>2 的效果。也有不断强化同一主题的系列摄影，这会让观众感受到一种不断递增的叙事效果，观众被这种螺旋式上升的画面所引导和影响，随着作者的思路完成主题叙述。这种系列照片的叙事安排更有指向性，与单张图片相比，这种叙事方式显得更有趣，也更完整。

图 3-7 是一组关于学校亲子活动的系列照，用六幅单张画面叙事，但看上去缺少逻辑关系，也缺少景别变化，因此叙事安排并不成功。我们在拍摄庆典、婚宴等组照时，如果对叙事关系不加考虑，也不懂得利用景别变化进行合理叙事，就容易陷入这种尴尬的境地。图中组照没有考虑照片之间的互相帮衬和呼应关系，叙事主线不明确，照

片数量虽多，表达效果却不理想。

照片的叙事主线和景别安排

一组好照片，其中每张影像都应该是优质的，且不可或缺。这是完成叙事任务的基础，更重要的是要给读者提供重要信息。因此，组照的叙事主线和每张照片的景别安排就很重要，既要有反映整个场面的全景，也要有刻画细节的特写，这样才能使照片之间互相帮衬，互相呼应，让观众阅读时能感受到节奏的变化。摄影师通过一定的叙事主线把这些单幅照片串联起来，使观众获得相关的信息。

每一位摄影师都应有一套用图片叙事的方式，但无论采用什么方式，组照都应该包

图 3-8 《祈福》组照叙事分三个部分：一是故事的开头——全景，把活动的内容、参与的人物等背景交代清楚；二是故事发生的过程——中景，用中焦拍摄人物的局部特写，来反映故事中的重点内容；三是结尾——观点的表达，用凝视着火焰的眼神，表达了“祈福”活动的虔诚 曾立新 摄

括“哪里”“何时”“发生了什么事”“结果如何”等几方面内容的表达。叙事主线可以按时间或空间来展开，然后用不同的景别来叙述。

图 3–8 这一组照叙事分为三个部分：一是故事的开头——全景，把活动内容、参与人物和事件背景等交代清楚；二是故事发生的过程——中景，用中焦拍摄主体人物的活动，以反映故事的重点内容；三是结尾——既是活动高潮，也点明了主题。图中人物凝视火焰的眼神，表达了人们对“祈福”活动的虔诚。

运用影像虚实和节奏

通过改变照相机镜头的光圈大小，可以营造不同的影像虚实变化，这也是摄影的魅力所在。影像虚实的运用不仅是审美的需要，更重要的是为了更好地叙事：画面中，哪个是重点，哪个是陪衬，都要通过影像的虚实变化来完成；另一方面，影像虚实的运用还可以使组照的叙事节奏产生轻重缓急的变化，能使观众感到兴奋。小景深可以突出表达重点，大景深可以展示场景细节。应将镜头的虚实变化运用到合适的位置，使表现形式和视觉效果相得益彰。另外，在叙事过程中通过节奏变化，以及视觉上的虚实变幻，可以让观众在观看组照时感受到轻重缓急、起伏跌宕的节奏感。

图 3–9 《轻歌曼舞》采用较慢的快门速度拍摄，舞者的虚糊增添了画面的生机 曾立新 摄

从图 3-9 中可以看到，摄影师以影像虚实来表现人物的一动一静，以动衬静，以静显动，使画面产生了动静相宜的视觉美感。

图 3-10 《风驰电掣》 ©全景网

在图 3-10 中，赛车手影像清晰，而背景却虚糊一片。摄影师通过影像的虚实对比，突出了赛车手风驰电掣的动感画面，令人身临其境。其实在现实生活中，人眼是看不到画面中虚糊的视觉效果的，而摄影借助照相机的功能，却能轻而易举地营造这一奇特画面，让人感受到运动的魅力。

图 3-11 《祥龙飞舞》 ©全景网

图 3-11 表现的是一次庆典仪式上的舞龙表演，摄影师运用镜头的推拉变焦产生了“爆炸”式影像效果，通过影像的虚实对比，使舞龙形象活灵活现，给人以极大的视觉冲击力。

相比单幅照片，专题组照在摄影表现上有数量的优势，但若不能把握叙事主线，突出逻辑关系，并用景别、动静、虚实对比来加以表现，画面虽多，效果却可能适得其反。

第三节　影像叙事的时间运用

摄影被誉为“瞬间艺术”，说明对“时间”把握的精准与否，在影像叙事关系中具有重要的作用。

摄影叙事的时间运用可以从三个层面来考虑：一是快门时间的设置，二是拍摄瞬间的抓取，三是叙事时间的合理安排。

快门时间即快门速度，有人认为这是一个技术数据，不值得过多地探讨和考虑。其实不然。图 3-12 是在太湖源拍摄的溪流，一张使用 1/250 秒的快门速度，另一张用了 2 秒的快门速度（图 3-13）。在同一个景点、同一个角度，仅仅因为采用的快门速度不同，溪流呈现出不同的景象：用 1/250 秒拍摄的画面表现了溪水潺潺的动感，而用 2 秒拍摄的画面则表现了溪水如梦如幻的意境。我们在摄影叙事中若能巧妙地运用快门速度，就能把摄影主题很好地表达出来。

图 3-12　用 1/250 秒快门速度拍摄的画面　曾立新 摄

图 3-13　用 2 秒快门速度拍摄的画面　曾立新 摄

在摄影叙事中精准地抓住瞬间，也是后期编辑在安排叙事时间中应加以认真考量的一个重要因素。法国结构主义文学批评家热拉尔·热奈特在著作《叙事话语》中认为，叙事时间与故事时间“非等时”，并将叙述方式分为概要、停顿、省略和场景等。摄影是用平面介质完成时间与空间叙事，摄影中的时间叙事不必受到真实的生活时间的限制，摄影师可以灵活地压缩或延伸原本的影像时间。我们从热奈特的理论研究中可以得到启发，摄影师可以通过截取一个事物发生过程中的精彩片段来展示事物的整个过程。但这个时间节点的截取十分关键，摄影师务必要选择具有典型意义的时间节点。我国摄影理论研究者龙迪勇认为：“叙事的冲动就是寻找失去的时间的冲动，叙事的本质是对神秘、易逝的时间的凝固与保存。或者说，抽象而不好把握的时间，正是通过叙事才变得形象和具体可感的，正是叙事让我们真正找回了失去的时间。”因此，摄影作为承载、

图 3-14　这是一组反映杭州机场高速改建的专题照片，第一幅（左上图）是机场高速拆建 9 个月后已见雏形的高速互通建设工地，另三幅画面则是 20 个月建成后焕然一新的机场新高速。这组照片以线性时间叙事关系记录了杭州机场高速的改建过程　曾立新 摄

记录时间的重要工具，对于时间的把控应做到准确、有效。摄影叙事的精彩瞬间往往稍纵即逝，非常短暂。这也是为什么摄影大师亨利·卡蒂尔－布勒松提出的“决定性瞬间”深入人心的原因。布勒松认为，摄影是感官和精神的瞬间运作，可以将世界以视觉语言传译出来。只有感官和精神能同时调动起来，配合得当，在刹那间完成判断，抓住瞬间，以视觉形象的精准组合表现事实，才能完成一幅优秀作品。

摄影的叙事时间方式主要有两种：纪实与虚构。纪实叙事主要以实录的形式叙述现实时空中发生的事情，而虚构叙事则主要以虚拟的手法虚构时空景象。许多通过后期制作的影像作品便以虚构的时空影像表达摄影师个人的主题思想。如菲利普·哈尔斯曼、杰里·尤斯曼、玛姬·泰勒（图 3–15）创作的便是这类虚构时间叙事的经典作品。

关于叙事时间的运用，有很多传播学方面的研究成果可资借鉴。比如“叙述时态”（叙事作品是采用过去时、现在时还是将来时进行叙述）、“时序”（叙述时用的是顺叙、倒叙还是插叙）以及“叙述时间与实际时间的比较”（所谓的叙述速度问题，一般可概括为三种关系：叙述时间小于实际时间；叙述时间大于实际时间；叙述时间等于实际时间）。我们从网上输入这些关键词，会看到一些表述详尽的研究文献。摄影师在创作之余做些功课很有必要。当我们有了这些知识储备和研究心得，在摄影创作中就会得心应手，创作水准也会得到大幅提高。

图 3–15 《做梦的人》（2003 年），玛姬·泰勒制作

第四节　　影像创作中的议程设置

“议程设置”理论是由美国传播学者麦库姆斯和唐纳德·肖提出的。在他们看来，大众传播虽不能对人们看待事物起到决定性作用，但往往可以通过对于某信息产生的过程和议题进行有意识的安排，让人们将注意力投入到议程设置的重点上，以影响人们的看法和行动。“议程设置”是传播媒介影响受众的一个重要方式，而摄影作为信息传播的方式之一，也是一种传播范围最广的媒介之一，因此有必要对其加以关注。

议程设置理论断言，大众传媒是影响社会的一个重要方式，它们有意无意地建构公共讨论与关注的话题，并对公众的思想和行为产生重要影响。在人类社会进入图像时代的今天，基于图像对大众产生巨大影响的背景下，我们可以有效地将摄影过程、摄影作品及其议程设置有效地结合起来，以便将图片的传播效益最大化。影像创作中的议程设置作用主要表现为吸引观众注意力，提高观众兴趣，激发观众情感，从而完成议程设置的传播目的。

吸引观众注意，提高观众兴趣

当下各类媒体发展迅速，竞争激烈，图像作为直观、高效和具有强大说服力的一种传播媒介，越来越受到各类媒体的青睐。不同于文字的干涩乏味，观众因为图像的一目了然和趣味性而被吸引，从而大大提高了观众的注意力，也带动了观众阅读和观看的兴趣。

图 3-16 《斗牛》 ©全景网

图 3-16 中呈现了一位斗牛士与牛搏斗的惊险一刻。在常人的印象中，斗牛士是英勇无畏的化身，具有高超的斗牛技巧。然而，画面

中呈现的却是斗牛士惊慌失措、动作尴尬的瞬间，让人看到了斗牛惊险的一面。因为与常人的印象形成了较大反差，故而吸引了观众的眼球。这便是摄影师通过新奇画面（有悖于观众常见印象）的议程设置，达到了吸引观众注意，引起观众兴趣的传播效果。

激发情感作用

一张引人注目的图片往往能激发观众的情感。当这种感人的照片展现在观众面前时，观众会从中产生情感联想，或称为移情作用，从而产生情感共鸣。

在图 3–17 中，这对父子情感互动的画面令人感动。因为孩子年幼，下海冲浪会有危险，年轻的父亲便在沙滩上教儿子练习冲浪。看见孩子学得有模有样，表情如此认真，父亲不禁流露出欣慰的笑容。这样的父子情让观众的心里感到一阵温暖，让观众陷入对亲情的思考，也让人们更重视亲情的温暖。画面中，人物的动作和表情生动传神，孩子认真的神态和父亲宠溺的表情都很感人，让观众联想到自己为父为子的往事，这便是移情作用。

除了以情感共鸣来达到图片传播的目的，在色调上的灵活运用也能达到异曲同工的效果。画面的色调往往会影响和感染观众的情绪。比如明亮的色调会引发愉悦的心情，阴暗低沉的色调会使人情绪低落。能引起人的欲望和兴趣的，大多为暖色调。摄影师若

图 3–17 《父子情深》 ©全景网

图 3-18 《草原牧马图》 朱清宇 摄

能从色调影响情绪的基本规律出发，根据主题表达的需要，有意识地在画面中进行议程设置，便能使创作事半功倍。图 3-18 是摄影师朱清宇拍摄的一幅草原风光作品，画面采用了冷色调，让观众感受到了草原的宁静和安详。

图像的议程设置作用会受视觉传播内容的制约。与文字相比，图像显得更为直观，也令人感到真实可信，因为人们更相信眼见为实。摄影师在创作中，应遵循观察——取景——构图——拍摄——后期编辑这一议程设置流程，令影像成为摄影师主观意图的完美体现，从而实现创作的主观能动性。

从摄影本身出发来说，在摄影中总有主体和背景之分，我们想要传达的一般来说都是被突出表现的主体，背景则是能简则简，作用在于衬托和加深主体的效果。在这个信息传递的过程中，我们可以通过构图的安排、焦点的选择、背景的虚化等手段来突出重点。

在摄影画面中，一般总有主体和背景之分，摄影师在创作中要重点表现的一般都是主体，背景的作用是为了衬托和增加主体的视觉效果。在主体表现中，摄影师可以通过构图安排、焦点选择和背景虚化等手段来突出主体。

在图 3-19 中，骑自行车的女子位于画面的视觉中心，人物和动作都清晰可见，而周遭的背景都被镜头虚化了。摄影师通过虚化背景这一技术手段，将主体人物鲜明地表现出来了。

对于背景来说，除了用于衬托主体形象，还要做到能简则简，除了保留对画面有用的元素，其他不相干的可以排除在画面之外，以免喧宾夺主。在图 3-20 中，摄影师为了突出主体人物，以天空为背景用逆光角度仰视拍摄。这样构图，使原先看上去显得零乱的网格变成好看的图案，人物在这一背景衬托下，显得醒目和突出。

此外，我们在取景时还要注意画面的黄金分割点。取景时，有意将主体安排在黄金分割点上，更容易成为画面的视觉中心，也更容易引起观众的关注。因此，摄影师面对同一事物、同一场景，可以通过摄影画面的布局，形成不同的侧重点，进而完成摄影的议程设置。

议程设置本属于传播学内容，但因和摄影有着共通之处，故在摄影中可以加以灵活运用。摄影图片除了满足人们记录和表达的需要，还要肩负向观众传播理念和信息的重要任务。以上有关图像议程设置的一些摄影方法，可供摄影人学习和参考，并希望摄影人通过实践，形成个人的创作思路和风格，以拍摄出更具个性的影像作品。

图 3-19 《清风拂面》 ©全景网

图 3-20 《攀登》 ©全景网

第五节　影像的构图与剪裁

构图

在摄影创作中，构图即是对画面的经营和安排，构图的优劣直接关系到创作的成败。优秀的照片不仅是在内容上胜出，更是在形式表达上胜出。而形式表达最直接、最显眼之处就是画面的构图。在构图中，水平线可以给人带来一种安宁和平静的视觉感受，垂直线则给人一种高大稳定的视觉感受，对角线使画面显得富有动感和活力，曲线则给人一种优雅和温柔的视觉体验。在摄影创作中，我们若能将这些基本的构图法则运用到画面构成当中，便能取得令人惊奇的视觉效果。下面介绍几种常见的构图方法。

三分法（九宫格法）

三分法是将画面平均分为九宫格，摄影师可将主体安排在九宫格的四个相交点上，这样看起来主体形象突出，画面又显得均衡（图 3–21）。

引导线法（对角线法）

线条在画面中能起到视线引导作用，而对角线尤其具有这种引导观众视线汇聚的效果。另外，当线条交叉时，能使画面产生动感；当线条平行时，则使画面产生安静的舒

图 3–21　三分法（九宫格法）构图　曾立新 摄

图 3-22 《站台》用线条透视引导观众视线　臧浩钧 摄

适感（图 3-22）。

对比反差法

为了增加画面的趣味性，摄影师在构图时常采用一些对比法，如“明与暗”对比（图 3-23）、“虚与实”对比（图 3-24）、“浓与淡”对比（图 3-25）、“密集与稀疏”对比，使画面产生反差，突出视觉效果。

明与暗对比，可拉开画面的过渡层次，增加影像的反差，从而有效增强了画面的表现力。

虚与实对比，将虚化的景物作为衬托，让观众的注意力集中到清晰的主体上。

重复破坏法

利用画面中不断重复的元素产生一种有规律的节奏和秩序感，但这些重复的元素过于整齐划一，有可能产生呆板和乏味

图 3-23 《茶》的明与暗对比，拉开画面的层次过渡，增加了影像反差，增强了画面的表现力　曾立新 摄

图 3–24　影像的虚实对比，能有效地衬托和突出主体。　©全景网

图 3–25　“浓与淡”对比，增加了画面的意境　曾立新 摄

感。一种解决方案就是通过一个特殊元素打破这种规律和秩序感，使画面产生某种冲突，从而突出视觉效果，吸引观众的视线（图 3–26）。

几何构成法

摄影画面是由点、线、面三种基本元素组成，有时将这些画面元素按一定的几何规律分布，使画面简洁，具有图案美。这样构图不仅能增加画面的美感，还能拓宽观众的想象力（图 3–27）。

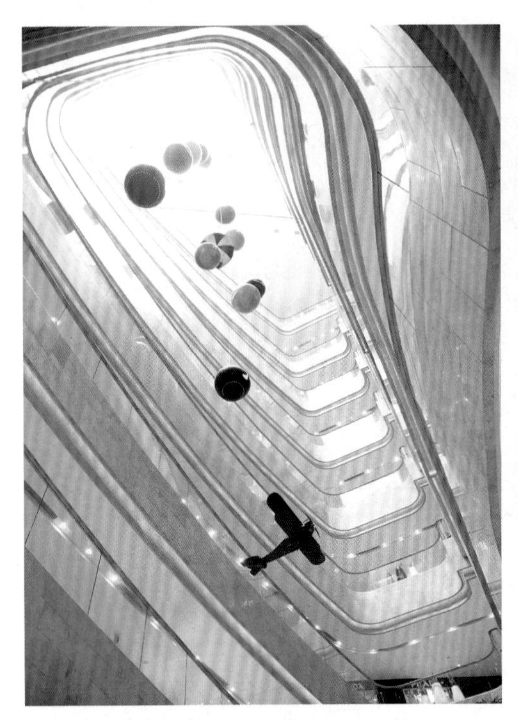

图 3-26　重复破坏法　张昕 摄

图 3-27　几何构成法　曾立新 摄

图 3-28　对称构图法

图 3-29　框式前景让平淡的光影增添了韵味，加强了画面的纵深感　©全景网

对称构图法

对称构图是一种简单、直接的构图方式，却能够增加画面的均衡感和对称感，视觉效果显得平稳、悦目（图 3–28）。

框式构图法

在摄影构图中，使用框式前景构图，可以增加画面的趣味性，还可以引导观众的视线，甚至起到美化画面的作用。门洞、窗格、树枝等常用来做前景框架（图 3–29）。

摄影的构图方式多种多样，其目的是为主题表达服务，同时可给画面增加形式感，增强画面的观赏性。一般情况下，尽量不要将趣味中心置于画面正中，也不要将水平线置于画面正中。在拍摄动态主体时，除了特殊表现需要外，应在动体前方留出一定空间，以引导观众视线，并以此减弱空间压迫感。

另外，人的视觉比较习惯常规比例的长方形画幅，如果将画面裁成非常规比例，甚至不规则的边框（如长条、椭圆等），也会增加画面的形式感和新鲜感，丰富画面的视觉效果。

图片裁剪

几乎没有一张照片从相机里取出就能立马使用，将照片排进版面之前一般都要经过数码润色和裁剪，以达到最佳的视觉效果。同一张照片通过不同的裁剪方式，能产生不同的视觉效果。

裁剪照片的主要目的是将照片中无关紧要的部分裁掉，以突出画面的主题。裁剪照片是为了完善画面中各元素的组合，减少视觉噪音，同时将观众视线迅速引导到画面的趣味中心，从而增强照片的视觉冲击力。另外，裁剪照片还能改变照片的比例，以便在排版中能够合理安排版面位置。

裁剪软件有很多，其中常见的是 Photoshop 和 Lightroom。

我们现在使用的是 Photoshop CS6 和 Photoshop CC 版本。而在之前的版本中，裁剪工

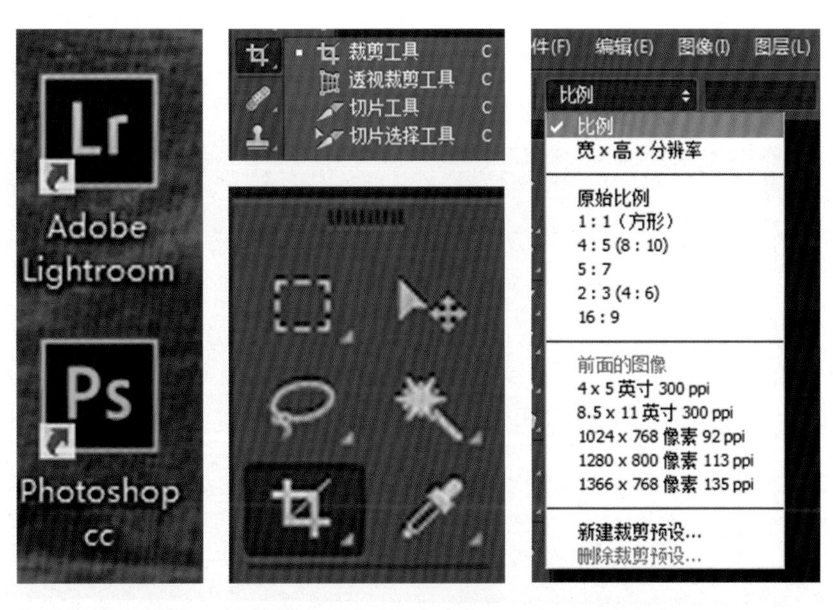

图 3–30　Photoshop 和 Lightroom 图片裁剪界面

具并没有等比例裁剪选项，因此裁剪等比例照片非常麻烦。如今，在 Photoshop CS6 和 Photoshop CC 版本中，等比例裁剪终于加入了裁剪工具中。

在裁剪工具的属性框中有一个等比例裁剪菜单，其中内置了从 1:1 方形尺寸到常用的 3×2、4×3、4×5、5×7 等常用尺寸可供选择。在裁剪照片时，所选择的裁剪比例不会随着更改裁剪框的尺寸而发生变化，所以可以随意控制照片的剪裁位置。

宽度、高度：可输入固定数值，直接完成图像的裁剪。

分辨率：输入数值确定裁剪后图像的分辨率，后面可选择分辨率的单位。

储存为裁剪预设：可将本次裁剪的样式储存，这样下次需要时可直接点击“储存预设”直接调用即可。在不需要时，可以点击删除。

删除裁剪的像素：在选择工具属性框中有一栏“删除裁剪的像素”选项，该选项默认为选择。因此，在使用时，我们需要取消选择。我们对照片完成裁剪后，如果想重新显示被裁区域，只需再次选择“裁剪工具”并点击画面，就可见到之前因被裁剪而隐藏的区域，进而可重新裁剪或恢复原图。

案例示范

1. 首先从文件夹中选择一张照片。这是一张普通的鸭子戏水照片（图 3–31），拍摄时照相机有些歪斜，导致照片上方多余的暗色块破坏了画面均衡，需要加以裁剪。

2. 在 Photoshop 软件中打开这张图片并选择裁剪工具。选择裁剪工具后，原图会变成图 3–32，照片上会出现明显网格，照片四周也会出现四个边角。

图 3–31 《戏水》 曾立新 摄

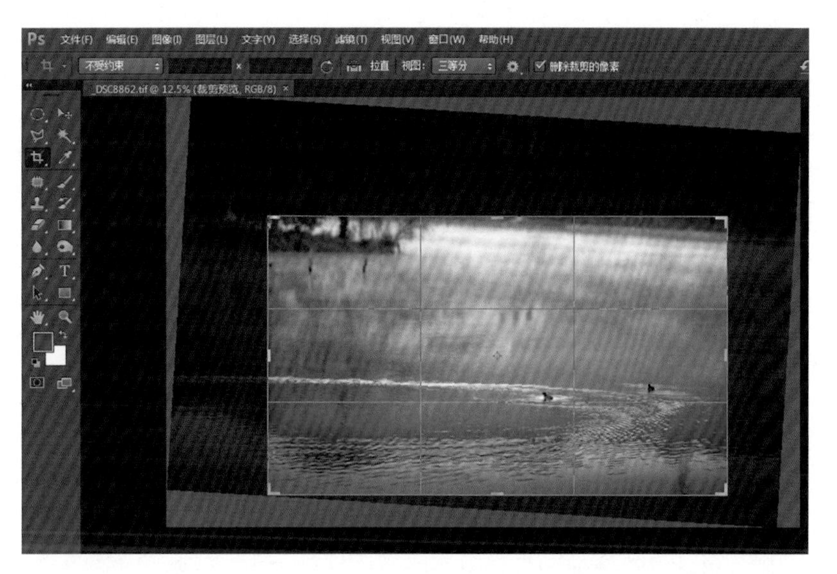

图 3–32

图 3–33

3. 拉动图像四周的边框或直接从图像的四个边角进行拖拉，这时框中清晰明亮部分便是要保留的部分，而灰暗模糊的则是要裁剪的部分，效果如图 3–32。

4. 按下键盘的“Enter”键，即可得到需要的部分，效果如图 3–33。裁掉了原图上方的黑暗色块，照片显得简洁明快了。

在图片裁剪中，我们既可以“微剪”，也可以大刀阔斧地裁剪。但无论怎样裁剪，都必须保证图片有足够的精度和清晰度。只有这样，才能在后期印刷中以最好的视觉效果呈现给观众。如果原始图片总像素不高，大幅裁剪后余下的图片精度就会比较低。因此，若原图片总像素不高，裁剪幅度要有所节制。

第六节　影像的版式设计

版式设计是现代设计艺术中的重要组成部分，是视觉传达的重要手段之一。从表面上看，版式设计是一种版面编排的技术，但实际上，它不仅是一种技术，更应该是技术与艺术的统一。因此，对影像的后期编辑来讲，版式设计是应该具备的基本功之一。

版式设计也称为版面构成，版面构成是平面设计中的重要组成部分，它体现了文化传统、审美观念和时代的精神风貌，因而广泛应用于杂志、报纸、书籍、包装、广告、网页等所有影像领域。

版式设计一般理解为：在有限的版面空间里将版面构成要素——文字、图片、图形、色彩、色块等元素，根据主题表达的需要进行构思与设计，最后以视觉形式表现出来。这是一个具有直觉性、创造性的版面艺术表达活动。在版式设计中，我们要注意三大原则：一是内容与形式原则；二是主题与导读原则；三是技术与艺术原则。内容和形式的和谐统一是设计完美版面的重要标准。一个好的版面要做到能充分体现和表达主题内容，要符合审美与视觉原理，要了解读者心理，使读者能容易地理解版面内容。后期编辑要善于运用设计手段使版面主题鲜明，条理清晰，能诱导和增强读者的注意力和理解力。这也是版面设计的基本目的。

版式设计常见编排方式

左右齐整

此类版面编排给读者的感觉是规整、美观。为了避免平淡，可采用不同形式的符号元素穿插使用，这样既使版面富于变化，又不失整体效果（图 3–34）。

左齐或者右齐

这类版面编排可使画面显得工整稳妥，页面上的图像和文字都规矩地排列在版面的左边或右边，显得很有规划。其中左齐的排列方式比较适合读者的阅读习惯，容易产生亲切感（图 3–35）。

居中编排

这类版面编排是以版面的中轴线为准，将图文居中排列，左右两端可以相等，也可

HAPPY FAMILY

MORNING

CALL

INTERESTING

图 3-34

HAPPY FAMILY

MORNING

CALL

INTERESTING

HAPPY FAMILY

MORNING

CALL

INTERESTING

图 3-35

图 3–36

以长短不一（图 3–36）。这种排列方式能使读者视线集中，具有优雅、庄重的感觉。但是在图文内容较多的情况下，不宜采用这种编排方式。

图文穿插

这是一种插图性的版面编排手法，后期编辑将图片和文字穿插安排在版面中，给人以亲切、生动、平和的感觉（图 3–37）。

自由编排

自由编排是为了打破上述条条框框，使版面编排更活泼新奇，杂而不乱（图 3–38）。值得注意的是，版面无论怎样编排，都要避免给人杂乱无章的感觉，要遵循一定的设计规律，以保持版面编排的合理性和完整性。

图 3–37

图 3-38

图 3-39

图 3-40

版式设计中的禁忌

后期编辑在排版中，也许为了追求某种艺术效果，而使用非传统的排版方式。这当然无可厚非，但在打破传统的同时还要注意避免出现以下几种不规范的版式设计。

阶梯式排列文字

采用阶梯式文字排版，很可能因此分散读者的注意力，且版面显得松散，故要避免采用（图 3–39）。

阶梯式排列照片

和阶梯式文字排版类似，采用阶梯式排列图片，同样会使版面显得松散，也会分散读者的视线（图 3–40）。

使用封闭式空间

后期编辑在排版中，应将版面中的文

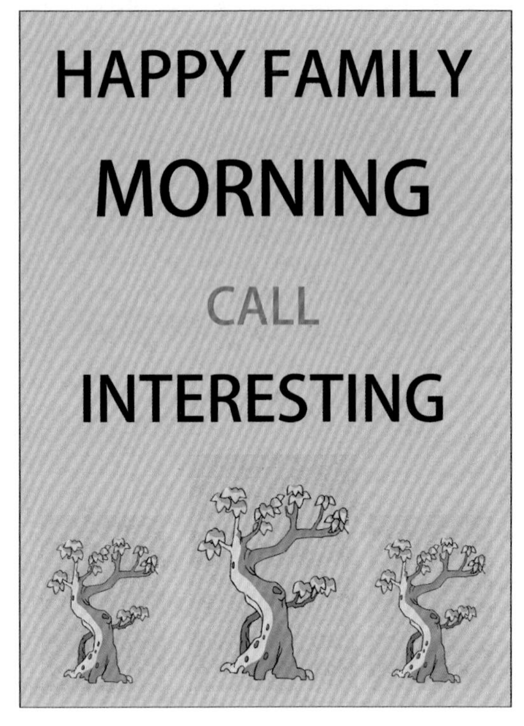

图 3–41

图 3–42

图 3–43

字和图片与版面边缘保留一定空间，否则空间封闭的版式会使读者观看时产生空间压迫感，这不是一个舒服的观看体验（图 3–41）。

版面各元素交叉叠放

将版面各元素交叉叠放，会使版面将产生一种紧张感。如果不是有意营造这种视觉效果，还是尽量避免这种编排方式（图 3–42）。

将信息元素置于版面四角

如果将重要的信息元素集中摆在版面的一角（图 3–43），这种排版形式既不美观，也会分散读者的注意力，会将视线从同等重要或更重要的地方移开。

第七节　常用修图软件介绍及 RAW 格式文件处理技巧

Photoshop 简介

Photoshop 是影像后期编辑中最常用的软件，简称 PS。掌握 PS 的基本操作和使用技巧，其重要性不言而喻。如果你是新手，还不会操作 PS，那么首先要了解一下该软件的基本结构和界面布局，然后通过一些练习，就会慢慢学会使用。这里针对 PS CS6 作简要的介绍，使读者对 PS 有一个基本的了解。

工作环境介绍

PS 的工具虽然不少，但界面整洁，工作区分布合理。我们先来熟悉其外观和功能。

如图 3–44，打开 CS6 的页面，点击基本功能，下拉软件中的各种工作区域配置，根据需求选择项目，进行操作。除了制作网页可以选择“Web”项目，其他都是默认的工作区配置。

区域上方的文件是菜单栏，这里集合了 PS 中的所有命令（图 3–45）。

图 3–44

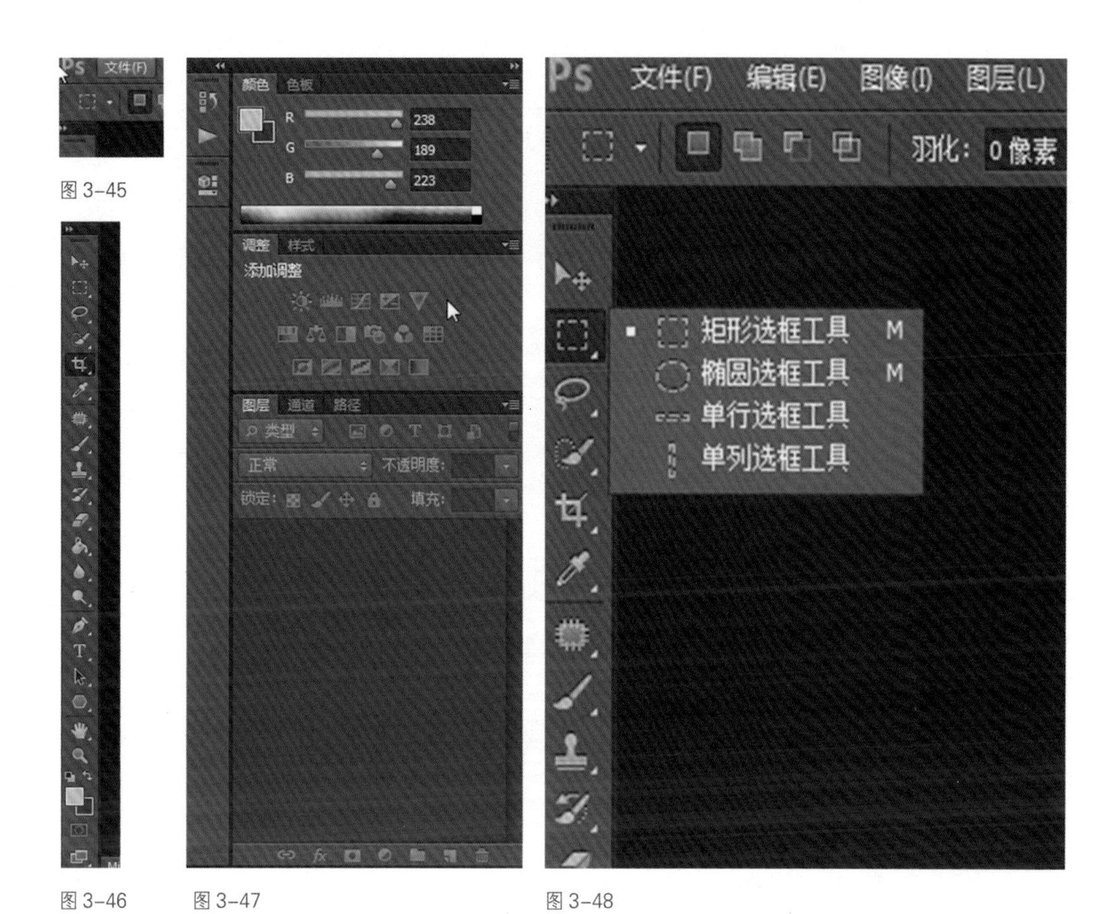

图 3–45

图 3–46　图 3–47　图 3–48

侧面一整个竖列是 PS 各项编修和选取的工具区域（图 3–46）。

在 PS 中，面板和面板组是为了协助修改和查看工作而设置的（图 3–47）。

工具选择和面板收放

PS 中的工具众多，如果都罗列出来，那版面会显得混乱。在工具栏一列，我们看见的是一些代表性工具。想要一探究竟，只要找到工具按键右下角带有箭头符号的，就表示里面有隐藏的工具菜单。将鼠标移至此工具按键后点击鼠标右键或长按左键，就能展开工具菜单中隐藏的工具（图 3–48）。

CS6 窗口的右侧是工作区域面板放置的地方，我们称之为面板区（图 3–49）。这里是工作流程展示和操作的区域。为了方便用户操作并节省空间，此区域设置成可收放式。想要界面整洁时，只要点击面板区域右上角的双箭头图标，就能把面板收起来。如果稍后要使用面板，只要再次点击已变方向的双箭头图标即可（图 3–50）。

如果想使界面更简洁，可以试着将鼠标移至面板的左侧，等到鼠标变成左侧双向箭头时，面板将会收到只剩图标的状态（图 3–51）。

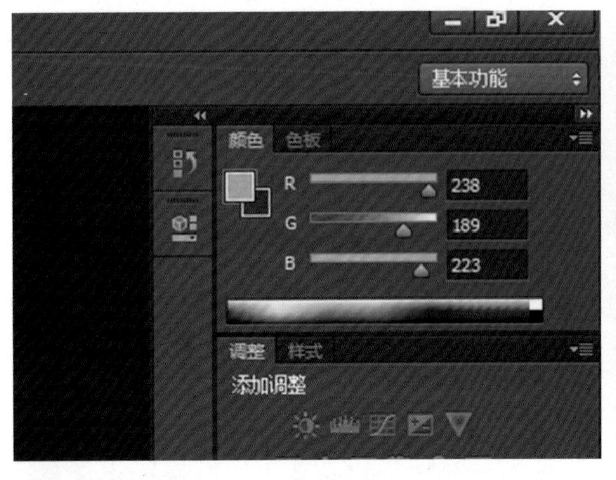

图 3-49

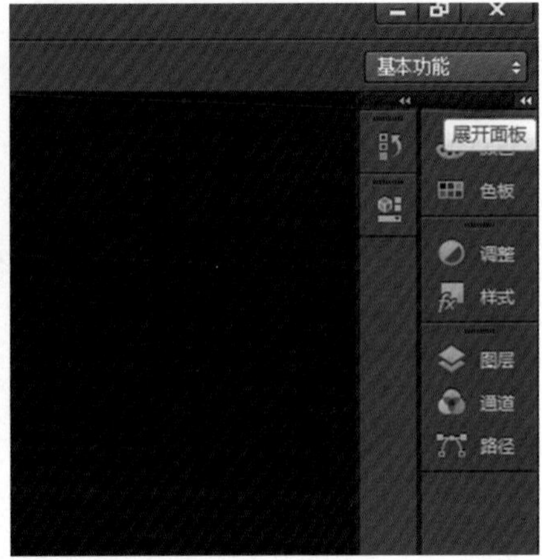

图 3-50

图 3-51　图 3-52　图 3-53　图 3-54

如果没有记住各个工具和面板的具体位置也没关系，用户可以在“窗口”功能表中将它打开。与其他面板一样，它也是可以自由收放的。不用时可将它关闭，以免占用屏幕空间（图 3-52）。

经过多次操作后，如果发现工作区比较乱，会对使用软件造成困扰，这时有必要将它复位。只要点击“窗口”，下拉菜单，在弹出的下拉选项中点击“工作区”（图 3-53），这时在右侧出现的选项中点选“复位基本功能”，再返回 PS 的工作窗口，这时会发现工作区已全部复位（图 3-54）。

Lightroom 简介

尽管 Photoshop 几乎成了影像处理的代名词，Lightroom 却是一款让摄影师爱不释手的后期处理软件。它的“高品质”处理功能，深受专业人士和高端用户的喜爱。Photoshop 擅长对影像细节进行处理，而 Lightroom 则擅长对整幅照片的影调、层次和色彩进行处理。很多时候需要这两个软件互相配合，共同完成一幅照片的后期处理。

Lightroom 简称 LR。LR 由照片导入、照片整理、照片调整、照片展示四个功能部分组成，支持 140 种以上的原始格式，并且有强大的照片批量处理能力。作为 Photoshop 的辅助软件，Adobe Lightroom 可以与 Photoshop 协同使用，让摄影师更方便地处理照片。

lightroom 工作环境介绍

LR 的基本工具和 PS 的工具使用起来没有多大差别，页面布局稍有不同，但是井然有序。

为了便于预览和比较，左边设有一个小窗口，大大增加了修图的便利性（图 3–55）。

如图 3–56，这一块是用来导入、输出照片的工作区域，可以对照片添加各种预设，对图片作各种调节。

主屏幕下方是观看视图的调节，还可以对照片作星级标记，对照片整理归类，形成个人照片管理系统（图 3–57）。

LR 的基本功能分为七大块，分别为图库、修改照片、地图、画册、幻灯片放映、打印和 Web。后期编辑在后期调整图片时可以根据个人需要进行选择处理（图 3–58）。

界面下方区域是所有导入照片的展示区，既可浏览单张照片，也可改变视图全览（图 3–59）。

图 3–55

图 3–56

图 3-57

图 3-58

图 3-59

图 3-60

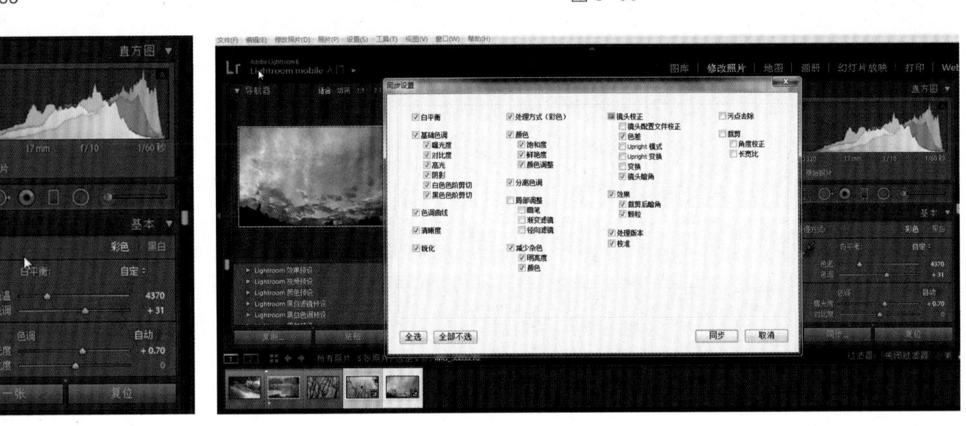

图 3-61

图 3-62

如果因多次导入照片而找不到原片也不用着急，对面板中图片编号的小箭头用鼠标左击后会出现子菜单，点击“所有照片”，那么所有照片都会出现在展示面板上（图 3-60）。

和 PS 一样，界面右侧是面板区，可随时进行界面收放，只是根据基本功能的切换，工作面板的功能也会随之改变（图 3-61）。

作为 LR 的优势之一，能够批量操作和调整图片是 LR 的一大亮点。首先选中已经调整过的照片，然后按住 Ctrl 键选择单张或多张照片，点击面板中的“同步”，之前调整照片的各种参数会如法炮制到其他原片上。这样做可以大大节省后期处理的时间，提高了修片效率（图 3-62）。

这里先对常用的修图软件有一个大致的了解，对于各种工具的使用将在后续章节加以进一步说明。

RAW 格式文件的优势

JPEG 是当下比较通用的有损压缩的图片格式，特点是支持广泛，文件容量较小，比较适合摄影类图片的存储与传播。JPEG 文件的压缩是有损的不可逆压缩。简单地说，就是压缩后会损失一定的画面细节，但是肉眼很难察觉。其储存的色深是 8bit，即 RGB 三原色每个色通道 0–255 整数级色深。RAW 是数码相机 CMOS/CCD 传感器所输出的原始数据格式，RAW 文件的储存色深以 14bit 居多，即 RGB 三原色每个色通道浮点数 0–1 可以储存 16,384 级色深。因为是浮点数储存 RGB 三个色通道的深度，理论上可以支持 32bit 的色深。RAW 格式不止一种格式，各个品牌都有其特定的原始格式，常见的包括：Canon 的 CRW 和 CR2，Nikon 的 NEF，Sony 的 SRF，Olympus 的 ORF，Fuji 的 RAF 等。虽然种类繁多，但由于科技的进步，Photoshop 提供了 Camera RAW 的增效模组，可以直接借用此软件对 RAW 格式进行操作，处理后直接载入 Photoshop，显得方便又实用。而 Lightroom 作为在调色上具有极大优势的一款软件，自然也深受 RAW 格式用户的喜爱。不管你用的是哪个品牌相机，用厂家自己的软件来解码 RAW，往往是最好的。当然，你可以选择用原厂软件解码后输出为 16 位的 TIFF 格式图片，再在你喜欢的处理软件中修改。但是这样做太麻烦了，对于普通用户来说处理量太大，硬盘也会吃不消。因此 LR 软件比较适合，因为在保证高质量解码的前提下，它所提供管理和修改照片的功能异常强大。

图 3–63　RAW 图片用 Camera RAW 直接观看的视觉效果

图 3–64　JPEG 图片用 Photoshop 直接观看的视觉效果

使用 RAW 格式的好处在于对图像的宽容度和色深留有调整余地，能为图片的后期处理腾出空间，对高光或黑暗区域可以进行大幅度地修复。RAW 格式扩大了后期的调整空间，能最大限度地利用影像文件所包含的层次和色彩过渡信息。

用一般的看图软件浏览 RAW 原图，看起来似乎不如 JPEG 那么鲜亮，这是因为 RAW 是原生态的，没有经过任何修饰，用照相机传感器 CMOS/CCD 记录下来的原始数据集全部直接呈现在你眼前，虽不够亮眼，但它将亮眼的机会和操作自由度都交给了你。

白平衡矫正

RAW 文件因为是使用 14Bit 的传感器原始数据，因此可以通过 LR 或 Camera Raw 等软件进行色温调整。即使拍摄时将 WB 设置错误了（例如晴天室外用了白炽灯的白平衡），也可以通过后期来加以校正。但如果你用 JPEG 格式拍摄的话，就难办了，因为 8bit 的 JPEG 文件只能通过 PS 中几种有限的方法〔比如色平衡（Color Balance）〕来略微调整色温，要把一张偏色明显的照片调回正常色温，细节会惨不忍睹。

图 3-65 是一张因白平衡设置失误（忘记将"白炽灯"白平衡调回自动模式）而拍摄的画面，整个色调显得十分怪异。

这时如果是用 JPEG 格式拍摄的，由于其本身的色彩缺陷，即使在后期处理上耗费了很多时间，效果也难以令人满意。如果当时使用 RAW 格式拍摄，后期处理就简单多了，只需将白平衡滑块微调一下，就能完成修复工作（图 3-66）。

图 3-65 《荷塘》原图 曾立新 摄

图 3-66 JPEG 格式图的视觉效果

LR 中有一个非常有用的"渐变功能"，在照片高光部位拉个渐变，相当于在传统摄影中加了一块渐变镜，可以压暗明亮的天空，使画面的层次变得很丰富，接近肉眼看到的那种光影效果（图 3–67）。如果是用 JPEG 拍摄，得到的将是一张废片，而用 RAW 格式拍摄，再经 LR 渐变功能的处理，最终可得到如图 3–68 的效果。

图 3–67

图 3–68　处理后的效果

图 3-69 《夜景》原图　曾立新 摄

图 3-70　处理后的效果

亮部暗部校正

曝光过度或曝光不足是摄影创作中常见的问题，如果使用 JPEG 格式拍摄，即使后期做了调整，画面也会变得粗糙，单调的死白或沉闷的死黑会让照片细节尽失。

如图 3-69，是用 JPEG 格式拍摄的原片，画面曝光不足，暗部层次缺失。

若使用 RAW 格式拍摄，用 LR 软件提升近两挡曝光补偿后仍能保留完整的画面细节（图 3-70）。现在的储存卡容量越来越大，价格也越来越便宜，建议读者平时用 RAW 格式进行拍摄，以利于后期编辑和处理。

思考题

1. 通过本章学习，你打算怎样存档并管理你的数码影像?
2. 编辑一组照片，需要注意照片之间的哪些关系?
3. 数码影像画面的构图与裁剪可以借鉴美学的哪些法则?
4. 数码影像后期编辑会用到哪些软件? 各有何特点?

第四章 影像的后期编辑范例

第一节　照片的选取与组合

作为图片编辑，选取照片是最基础的工作。有时要从众多的图片中选出一张最好的去刊发，有时要从一堆照片中选取几张编成一组，以专题形式刊发。因此，对单幅照片的鉴别能力，以及对多张图片的组合能力，是一名合格的图片编辑必须具备的基本功。

选取单幅照片通常要把握以下几方面因素：画面视觉效果强烈，有表现价值，能代表决定性瞬间，画面富含感人细节。

组合多幅照片要考虑的因素就更多了，不仅要考虑画面的视觉效果、刊发的版面编排情况，还要考虑照片之间的叙事关系和呼应配合。

图 4–1 至图 4–10 是一组由摄影家季叶海拍摄的《沐浴恒河》专题，我们来看看他是如何取舍画面的。

恒河是印度的圣河、母亲河，印度人对它有着一个不可磨灭的母亲情结，他们认为一生中至少要在恒河中沐浴一次，让圣河洗净一生所有的罪孽。瓦拉纳西是恒河沿岸最大的圣城。每天清晨，成千上万的印度教徒来到恒河边，怀着虔诚之心走进恒河，用圣水洗去身上的污浊，以达到超脱凡尘，死后到天国永生的愿望。

季先生先是数天创作的几百幅照片中筛选出几十张，然后从中选出 10 张，最后再挑出 6 张编成一组既能表达主题，又有强烈视觉效果的专题。

图 4–1 《沐浴恒河》备选之一（采用） 季叶海 摄

图 4–1（采用）：恒河在晨光中苏醒。河畔林立的神庙蔚为壮观，瓦拉纳西不愧为印度的圣城，吸引着无数信徒。画面交代了有关背景，为组照做好铺垫。

图 4–2（弃用）：恒河

图 4-2 《沐浴恒河》备选之二（弃用）

图 4-3 《沐浴恒河》备选之三（采用）

图 4-4 《沐浴恒河》备选之四（采用）

日出。虽有光影效果，但不足以反映恒河沿岸特有的景观。

图 4–3（采用）：迎着朝阳沐浴。画面采用长焦距大光圈拍摄，主体突出，是组照中能够体现典型意义的画面。

图 4–4（采用）：沐浴百态。这是男女信徒在恒河沐浴全景图，画面包含的要素较多，信息量丰富，能突出表达主题。

图 4–5（弃用）：沐浴群体。画面如同一般浴场，不能体现主题特色。

图 4–5 《沐浴恒河》备选之五（弃用）

图 4–6 《沐浴恒河》备选之六（采用）

图 4–7 《沐浴恒河》备选之七（采用）

图 4–6（采用）：上岸。人物虽有露点，但在恒河是常见的民俗。这种照片往往能吸引眼球，但若把握不好尺度，容易引起争议。

图 4–7（采用）：更衣。如同图 4–3，也是展示主题特色的画面。

图 4–8（弃用）：更衣。其他图片均为横幅画面，唯此图为竖画面，若用于排版可能导致版面不协调。

图 4-8 《沐浴恒河》
备选之八（弃用）

图 4-9 《沐浴恒河》
备选之九（采用）

图 4-10 《沐浴恒河》
备选之十（弃用）

图 4–9（采用）：理发。这是沐浴后的延伸内容，极具当地特色。

图 4–10（弃用）：梳理头发。与图 4–9 比较，缺少情趣。

图片编辑在挑选照片时，要从主题表现出发，从鱼龙混杂的许多照片中挑选出最能表达主题且画面精彩的那张。图 4–11 是图片编辑从 9 张候选图片中选出一张，以反映“疯狂的石头”这一主题。

图 4–11 《疯狂的石头》 曾立新 摄

从这 9 张照片来看，图 4–11–1 的画面黑压压一片，没有吸引视线的兴奋点，不够抢眼；图 4–11–2 画面太杂；图 4–11–3 虽有吸引视线的视觉中心，但人物的表情和“疯狂的石头”主题不符；图 4–11–4、图 4–11–6、图 4–11–9 的画面缺乏美感。图 4–11–7 和图 4–11–8 与主题比较吻合，图 4–11–7 人物的表情比较一致，画面有视觉中心，图 4–11–8 有虚实对比，有动感，但在细节上略有欠缺。经过一番斟酌，最后选定图 4–11–7，并稍加调色裁切，使之更加完美。

除了选取单幅照片，对照片进行专题组合，更能显现图片编辑的能力和价值。图片编辑很多时候需要从图片库中大量且无直接联系的图片中挑选出一些照片，组织成一个专题。如笔者拍摄的《三十年变迁》，就是用两张在不同年代拍摄的照片来反映“三十年教育建设成就”这一主题。

这两幅照片分别拍摄于 1984 年和 2012 年。图 4–12 记录的是 1984 年大学生挤在一

图 4–12 《三十年变迁》之一　曾立新 摄

图 4–13 《三十年变迁》之二　曾立新 摄

台黑白电视机前观看奥运会实况转播的场景。在那个年代，电视机是奢侈品，几百名大学生围着一台 12 英寸黑白电视机，通过“叠罗汉”“排排坐”的无奈之举一睹奥运会盛况。进入新世纪之后，随着改革开放的不断推进，大学生的物质生活条件得到极大改善，不仅电视机早已普及，而且在学校的公共空间都装上了空调。图 4–13 记录的是 2012 年浙江农林大学的学生在空调间喝着可乐观看奥运会实况转播的场景。后期编辑将这两张大学生观看奥运会实况转播的场景进行对比，形象地提示了“三十年教育建设成就”这一主题。

一些零散照片原本是孤立的，但在某个专题的运作下，能很好地加以组织，并通过不同的角度、视点去深化和突出主题。这便要求后期编辑具有专题策划能力，还能独具慧眼，甚至点石成金。另外，作为图片编辑，应该有目的地建立个人图片库，以便在图片编辑中能从大量的图片资源中获取有用的素材。

第二节　照片之间的组织结构安排

后期编辑在接到编辑专题任务时，应该思考怎样通过多张照片的组合把这一专题故事讲好、讲完整。因此，对于照片之间组织结构的合理安排，关系到专题策划的成功与否。

后期编辑首先要明白，组图往往是同一主题下对不同场景的合理组合，有时还要在同一场景进行细节描写与表现。为了更好地表达主题，图片编辑要做到多角度、多景别地组织画面，最好每张照片在焦距、景深手法上都有所不同，每张画面的差异性会让专题显得更丰富多彩，从而吸引读者的视线。

常规的组照结构一般分成三个部分：首先是故事的开头，通常用广角镜头拍摄大场景，用一两张照片把专题的“背景”“时间”“什么事”等交代清楚；其次是讲述专题的内容或故事的发展过程，通常是用标准镜头或中长焦镜头拍摄两三张近景或特写，来表现专题中最有典型意义的内容；最后是专题的结尾，用于点明和表达主题。一般组照用4至8张图片比较合适，图片少了，内容会显得单薄，图片多了，也许会画蛇添足。当然若是大型专题，在图片数量上可以放宽，主要看主题表达的需要。

《母亲的手工饺》（图4–14）这一专题采用5张图片来讲故事，分别以全景、中景和特写等景别表现母亲包饺子的故事。“慈母手中馅，儿子记忆新”，图片编辑先通过全景画面展示富有传统特色的手工水饺，再用特写画面表现了母亲揉面、包饺子的过程，结尾以一双粗糙手的特写和刚出锅的热腾腾的水饺，表达了作者对慈母的感恩之情。

图 4-14 《母亲的手工饺》这一专题组照先用一个全景展示了有特色的手工水饺，再用动态特写表现了手工水饺的和面、包馅、蒸饺过程，结尾通过一双粗糙手的特写和热腾腾的水饺，表达了儿子对慈母的感恩之情　曾立新 摄

第三节　照片影调层次的后期调整与处理

在摄影创作中，我们经常会遇到这种情况：拍摄现场气势恢宏，十分感人。一阵“咔嚓、咔嚓”按快门后，蛮以为“硕果累累”，会有杰作诞生。待拷入电脑打开一看，却大失所望：拍摄现场那种丰富的光影效果没有了，亮丽的色彩不见了，主体被淹没在影调平淡的画面中……究其原因，主要是目前数码照相机对景物亮度和色彩的还原还做不到如现场光影那么大的宽容度。遇到这种情况，通过后期处理可以适当提升照片的视觉效果，特别是用RAW格式拍摄的图片，还有较大的提升空间。下面介绍几例通过后期处理提升影像视觉效果的范例，供读者参考。

图4-15《雨霁》原图　曾立新 摄

图4-16　用PS软件处理后的效果

图 4–17　用 LR 处理后的效果

图 4–15 是笔者去丽水途中遇到的一个场景：一场暴雨过后，河谷云雾缥缈，犹如仙境一般。笔者随手用手机拍下，并将图片拷到电脑上。打开一看，感觉画面灰蒙蒙的，完全没有当时现场看到的如画美景。

分析原因，问题出在暗调偏重、主体不够突出上。在后期处理中，要提亮暗部的影调，并突出云雾和那棵标志性的松树。笔者先用 PS 的“阴影 / 高光”及亮度反差工具，得到图 4–16 的画面。虽然视觉效果比原片有所提升，但仍觉得不够理想。

图 4–17 是用 Llightroom 软件对画面天空作了压暗处理，对树木等暗调作了提亮处理，并对云雾的白色色阶作了提亮处理。通过这几步调节，使画面接近于真实场景。之后，再对画面色彩在“鲜艳度”上做了适当调节，使色彩更饱和。

图 4–18 是在四川拍摄的西部风光，由于时间延误，到达拍摄点后，没能捕捉到那种光影效果强烈的画面。

分析这张照片，觉得压暗画面右下角的房屋和田地，有利于突出黄色庄稼和位于画面中间的羌寨，这样会有更好的视觉冲击力。另外，适当提升照片的反差，可以增强光影效果。于是通过 Lightroom 软件，压暗了画面右下角的房屋和田地，使画面的视觉效果得到较大提升（图 4–19）。

图 4-18 《羌寨》原图　曾立新 摄

图 4-19　处理后的效果

图 4–20 是笔者在浙江省武义县牛头山脚拍摄的一个画面，当时天色渐晚，画面显得较为沉闷。分析照片，觉得问题出在画面的影调偏重，缺少高光部位。于是在后期处理时，适当提高整个画面的亮度，增加画面的反差和对比度，并对色彩饱和度作了微调，得到图 4–21。画面的精气神和原片相比，有了较大提升。

我们知道，在高亮度的逆光下拍摄，画面效果往往会令人失望。如图 4–22，画面上除了白色高光，就是深沉的暗调，缺乏中间调过渡。虽然现在的数码照相机或手机已

图 4–20 《黄昏》原图 曾立新 摄

图 4–21 处理后的效果

图 4-22 《背影》原图 曾立新 摄

图 4-23 处理后的效果

具有 HDR 功能，画面效果能有一定的提升，但看上去总感到生硬。面对这种情况，最好是用 RAW 格式拍摄，再通过后期处理来还原现场的影调。图 4-23 是通过后期处理得到的画面，看上去比较真实，经幡和绿色的草地也显现出一定的层次。

在摄影创作中，天空是常见的背景。但以天空为背景，影调难以把握，不是主体暗了，就是天空层次缺失，如图 4-24。若想保留天空的阶调，营造那种黑云压城的氛围，却容易使主体影调显得暗黑。一个办法是拍摄时对主体人物用辅助光进行补光。但补光有时难以做到，这时就只有依靠后期处理了。图 4-24 是用 RAW 格式拍摄的图片，在

图 4–24 《升腾》原图 曾立新 摄

图 4–25 处理后的效果

后期通过压暗“高光”，提亮“阴影”，并适当降低整张照片的亮度，从而表达一种“冲出重围”的意境（图 4–25）。

总之，我们看见一个场景，或是打开一个图片文件，先不要急于按下快门或无目的地进行后期处理，而是先分析场景的光影和影调以及照相机的曝光宽容度等综合因素，将前期拍摄及后期的影调处理作为一个系统工程加以综合考虑，在后期分步骤地加以处理，最终取得理想的视觉效果。

第四节　人像照片的美化

人像是摄影创作中的一个重要门类。追求美是人的天性，但并非每个人都美若天仙，有的人皮肤粗糙，有的人颧骨凸出，有的人身材不够苗条……因此，对人像照片的美化是影像后期处理中的重要内容之一。人像照片的美化主要涉及四方面内容：美肤、亮眼、调色和瘦身。人像美化可用的软件很多，操作步骤和方法也多种多样。现以 LR 和 PS 软件为例，介绍一些常规的修饰方法。不管采用哪种软件和哪种方法，都要注意，不能为了追求效果而忽略了影像质量。有些操作在一定程度上会损坏影像的品质，这是一定要尽量避免的。比如我们在运用液化的时候，尽量不要过度使用，应在一定的范围内进行把控。这里以摄影师江恣腾先生拍摄的一张人像为例，介绍人像美化的基本步骤和方法。

1. 首先将原图（图 4–26）导入 Lightroom，将需要调整的图片在软件中打开，设置色温 –7，色调 –1，一般色调不需要调节，降低色温可以让皮肤看起来更通透一点。若要让画面看起来更加清新自然的话，可以将画面轻微过曝，将对比度稍微降低一点（图 4–27）。

图 4–26《花丛中》原图　江恣腾 摄

图 4-27

完成操作步骤 1 的前后效果如图 4-28 和图 4-29 所示。

图 4-28　　图 4-29

2. 经过上一步骤操作，可以发现人物的皮肤开始通透起来，但衣服的细节却有所丢失。这时需要调节高光和白色色阶。

降低高光和白色色阶可以恢复一部分细节，增加阴影和黑色色阶可以使脸部暗处提亮（图 4–30），但要注意，阴影部分不能加太多，否则容易导致画面失去质感。

图 4–30

完成操作步骤 2 的前后效果如图 4–31 和图 4–32 所示。

图 4–31

图 4–32

3. 增加一点鲜艳度和饱和度可以让画面看起来更加鲜活（图 4–33），增加暗色调可以将脸部皮肤提亮（图 4–34）。

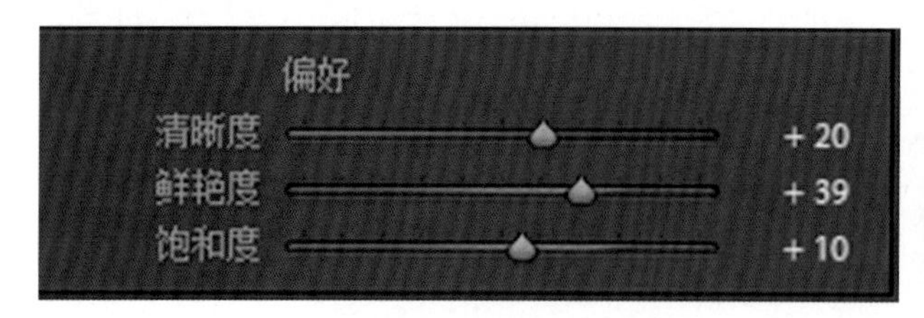

图 4–33

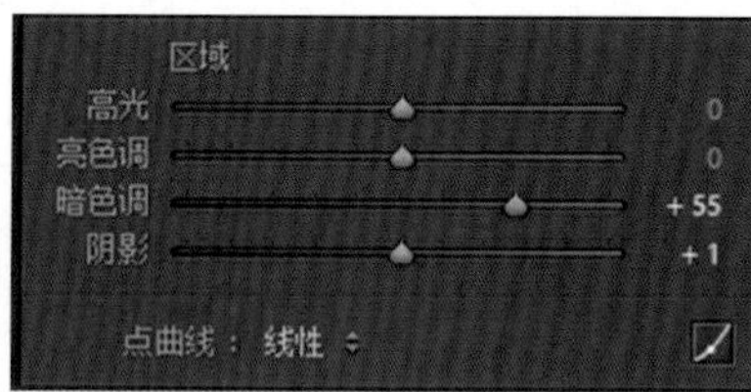

图 4–34

完成操作步骤 3 的前后效果如图 4–35 和图 4–36 所示。

图 4–35

图 4–36

4. 大体调整好之后开始进入调色阶段。增加红色和橙色的明亮度能使肤色更加明亮。增加绿色的饱和度可以使绿植背景显得更加清爽。增加黄色的明亮度能使画面更加明亮。增加洋红的色相和饱和度是为了让模特的唇色更加突出，人物形象显得更精神。并在照片周围加上暗角，让人物形象更突出（图 4–37）。

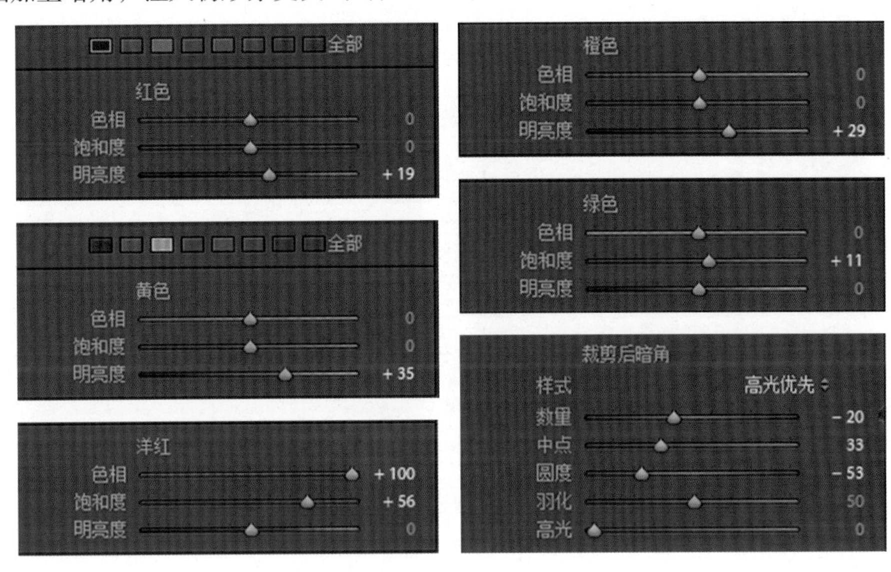

图 4–37

完成操作步骤 4 的前后效果如图 4–38 和图 4–39 所示。

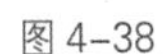

图 4–38

图 4–39

5. 将照片导出后再进入 PS 进行精修。

先将图层 Ctrl+J 复制一层，再新建一个图层，给模特唇部上色。先用画笔挑选颜色。注意颜色不要太深，因为后面要用到正片叠底模式，若颜色太深，效果无法凸显出来。然后按照模特的唇形绘制涂色，绘制好后，在图层模式中选择正片叠底。

图 4–40 和图 4–41 是完成步骤 5 之后的前后效果对比。

图 4–40

图 4–41

6. 接下来进行磨皮。现在有很多种磨皮的方法，这里介绍一种简单的方法：首先采用套索工具和仿制图章工具将皮肤上较为明显的痕迹去掉，然后使用自带插件 Portrait 进行磨皮（图 4–42）。这样做不仅能够美化皮肤，还可以将皮肤细节进行保留。

图 4–42

图 4-43 和图 4-44 是完成步骤 6 之后的前后效果对比。

图 4-43

图 4-44

7. 磨皮结束后进入最后一个步骤：液化（图 4-45）。液化是美化人物身材的利器，可使人物获得漂亮的脸庞和魔鬼的身材。但在操作这一步骤时要注意把控度，液化过度会适得其反，看起来显得别扭。具体画笔大小、压力等数值设置这里不做介绍，读者可以用自己的照片操作一下，找到合适的数值。

图 4-45

最终效果如图 4–46 所示。

图 4–46　处理后的效果

第五节　如何制作清新阳光的人像照片

现在的摄影师都喜欢拍摄清新阳光的人像照片，画面中人物皮肤白皙，画质柔和，许多观众看到照片后都会赞叹摄影师技术高超。殊不知，这些清新阳光的人像大多是后期整修出来的，而修片方法也较简单，通过学习，人人都能成为技术高超的摄影师。

下面就以图 4-47 为例，介绍一下清新阳光人像的制作方法。

图 4-47 《亲子》原图 ©全景网

1. 在 Photoshop 中打开这张照片（图 4-48）。

图 4-48

2. 将它复制（快捷键 Ctrl+J）成图层 1（图 4–49）。

图 4–49

3. 根据照片情况调节亮度和对比度。具体步骤是加大亮度，使画面略有过曝，并小幅降低或不降低对比度（图 4–50）。

图 4–50

4. 调节自然饱和度和饱和度，其中自然饱和度要适当增加，而饱和度要略微减少（图 4–51）。

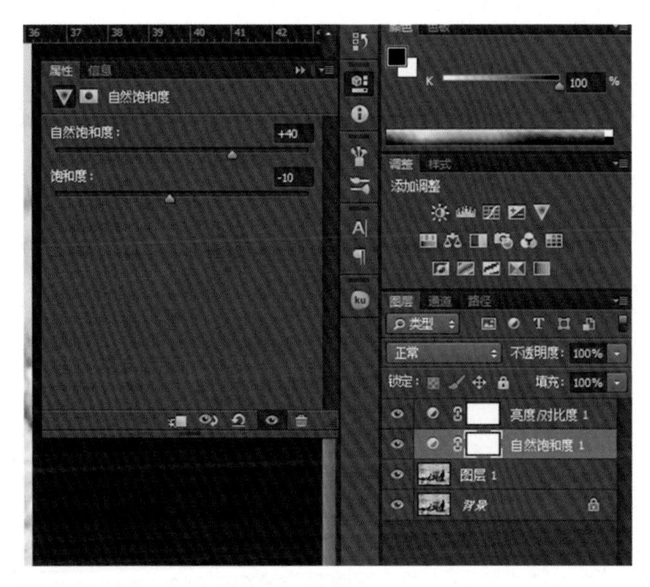

图 4–51

5. 接下来是重头戏：制造阳光。先要新建一个图层，然后用渐变工具从阳光发射区向照片主体拉去。渐变工具颜色设置参数如图 4–52 所示。

图 4–52

用渐变工具拉光线是一个难点，需要通过多次试验来找到合适的效果（图 4–53）。之后在此图层模式选择滤色，并将透明度调成 75%（图 4–54）。

图 4–53　渐变效果前后对比　　　　图 4–54

6. 盖印图片（快捷键 Shift+Ctrl+Alt+E）形成图层 2，然后点击打开“可选颜色”选项进行调色。常见的调色界面如图 4–55 所示。

图 4–55

以上步骤操作结束，就能制作出一张理想的清新阳光人像照片（图 4–56）。

图 4–56　处理后的效果

第六节　如何制作富有韵味的人像照片

我们在浏览各大摄影论坛时，总会被某些摄影师创作的富有韵味的人像照片所感动。

这些人像照片有一个共同特点：焦外如奶油般油润，焦内如刀刃般锋利。也就是说，这类人像照片色调油润、层次丰富，有一种独特的厚重感。以往这类照片，常常出自德国产的徕卡相机和蔡司镜头，因此又被人称为“德味”照片。自从有了 PS、LR 这些后期软件，油润、悦目的人像照片不再是徕卡和蔡司的“专利”，甚至用手机拍摄的照片，在后期处理中也可以调出这种独特的韵味。下面以图 4-57 为例，介绍如何用 Lightroom 软件制作这类人像照片。

1. 打开原图（图 4-57），发现这张照片色彩平淡，光比较大，影像过渡层次有些缺失。

图 4-57 《憧憬》原图　曾立新 摄

2. 先在参数板上调节参数，先调整色温，并使其色调微微偏绿，这样能使画面看起来显得油润（图 4–58）。

图 4–58

3. 接着适当增加黑色色阶，增大反差，使高低调之间细节过渡明显（图 4–59）。

图 4–59

4. 压暗高光部分，增加天空部分的层次；稍稍提亮白色色阶，让照片看起来更加精神；提亮阴影，增加暗部细节，使照片的色调层次更加丰富（图 4–60）。

图 4-60

图 4-61

图 4-62

5. 因天空部分亮度较大，拉个渐变，调出一些层次（图 4–61）。

6. 为了使照片看起来富有视觉冲击力，还要做最后的收尾工作，即增加清晰度和少量的色彩鲜艳度（图 4–62）。

在完成以上步骤后，对照片进行裁切，并按照上一节介绍的方法对皮肤进行美化，最后完成制作。最终效果见图 4–63 所示。

图 4–63　处理后的效果

练习题

1. 练习人像去斑、润肤、瘦身、亮眼等常用技巧。

2. 用LR软件调整一幅逆光高反差照片。

3. 拍摄并编辑一组专题照片，附有专题阐述和图片说明。

责任编辑：余　谦

装帧设计：任惠安

责任校对：朱晓波

责任印制：朱圣学

图书在版编目（C I P）数据

数码影像后期编辑 / 曾立新, 张昕, 张蓓蕾著. --
杭州 : 浙江摄影出版社, 2018.1
普通高校摄影专业系列教材
ISBN 978-7-5514-1933-8

Ⅰ. ①数… Ⅱ. ①曾… ②张… ③张… Ⅲ. ①图象处理软件—高等学校—教材 Ⅳ. ①TP391.413

中国版本图书馆CIP数据核字(2017)第225683号

普通高校摄影专业系列教材

数码影像后期编辑

曾立新　张 昕　张蓓蕾　著

全国百佳图书出版单位
浙江摄影出版社出版发行

地址：杭州市体育场路347号
邮编：310006
网址：www.photo.zjcb.com

制版：浙江新华图文制作有限公司
印刷：杭州佳园彩色印刷有限公司
开本：787mm × 1092mm　1/16
印张：7
2018年1月第1版　　2018年1月第1次印刷
ISBN 978-7-5514-1933-8
定价：42.00元